L'évolution à l'école

Les classiques
du fonds
Armand Colin
Sedes

Corinne Fortin

L'évolution à l'école

Créationnisme contre darwinisme ?

ARMAND COLIN

Collection Débats d'école

Sous la direction de Dominique Borne et Benoit Falaize

Bonafoux Corinne, De Cock-Pierrepont Laurence, Falaize Benoit, *Mémoires et histoire à l'école de la République*, 2007

Borne Dominique, *Enseigner la vérité à l'école ?* 2007

Borne Dominique et Willaime Jean-Paul (sous la dir. de), *Enseigner les faits religieux*, 2007

Bossy Jean-François, *Enseigner la shoah à l'âge démocratique*, 2007

Sous la direction de Benoit Falaize

Fortin Corinne, *L'évolution à l'école. Créationnisme contre darwinisme ?* 2009

Loeffel Laurence, *Enseigner la démocratie. Nouveaux enjeux, nouveaux défis*, 2009

Lucas Nicole, *Dire l'histoire des femmes à l'école. Les représentations du genre en contexte scolaire*, 2009

Conception de couverture : Atelier Didier Thimonier

Conception de maquette intérieure : Dominique Guillaumin

ISBN : 978-2-200-35070-3

Internet : http://www.armand-colin.com

Armand Colin Éditeur • 21, rue du Montparnasse • 75006 Paris

Sommaire

Introduction. Du mot au concept 7

PREMIÈRE PARTIE

Une question vive dans la société

Chapitre 1. Les attaques créationnistes 13

Le créationnisme anti-darwinien 16

L'*Intelligent Design* 21

L'enseignement de l'évolution et la laïcité 25

Chapitre 2. Les idéologies autour de l'évolution 29

L'instrumentalisation de la sélection naturelle 29

L'enseignement de l'évolution et la démocratie 42

Chapitre 3. Les résistances socioculturelles à l'idée d'évolution 45

Les conceptions des élèves 45

Les obstacles à la connaissance scientifique 51

DEUXIÈME PARTIE

Du débat scientifique à l'enseignement

Chapitre 4. Où en est la recherche depuis Darwin ? 59

L'histoire du vivant : du récit à l'explication 59

La question des origines 63

Chapitre 5. La théorie de l'évolution est-elle en crise ? 76

Qu'est-ce que la théorie de l'évolution ? 77

La théorie de l'évolution a-t-elle fait ses preuves ? 79

Pourquoi plusieurs théories post-darwiniennes ? 86

Chapitre 6. Le débat scientifique dans les programmes scolaires 91
L'enseignement de l'évolution et la réforme de 1902 92
L'empreinte du néo-lamarckisme et du néo-darwinisme dans l'enseignement 95
Programmes et orientations pédagogiques 97

TROISIÈME PARTIE

Les enjeux éducatifs

Chapitre 7. Répondre aux questionnements des élèves 105
Observer des faits d'évolution, est-ce possible ? 105
Comment expérimenter l'évolution ? 111
Pourquoi modéliser ? 116

Chapitre 8. Les approches et pistes pédagogiques possibles 122
Pistes pour l'école primaire 123
Pistes pour le collège 127
Pistes pour le lycée 133

Chapitre 9. Nouvelle perspective d'enseignement de l'évolution : la protection de la biodiversité 138
La biodiversité menacée : une prise de conscience internationale 138
L'éducation à l'environnement et au développement durable 140
Apprendre à gérer les ressources biologiques 143
Le débat sur les OGM 148

Conclusion 153
S'approprier les concepts biologiques 153
Distinguer entre science et idéologie 155
Respecter les croyances des élèves 156

Bibliographie 157

Introduction

L'évolution : du mot au concept

Aujourd'hui, dans le langage commun, évoluer signifie progresser, s'améliorer. Mais pris dans son sens étymologique, évoluer, du latin *evolere*, vient de l'action de dérouler. C'est d'ailleurs ainsi qu'au XVIIIe siècle, l'évolution désignait, en langage scientifique, le développement embryonnaire des organismes. Le naturaliste Swammerdam (1637-1680) fut d'ailleurs le premier à proposer, dans son œuvre posthume *Historia insectorum generalis* (1685), une description du développement des insectes comme la révélation d'organes préexistants de la larve à l'adulte. L'évolution signifiait alors déroulement de l'embryon pour rendre progressivement visible des organes jusqu'alors cachés. En 1744, dans son ouvrage *Praelectiones academicae*, Haller (1708-1777) reprend l'idée de Swammerdam et parle d'une *evolutionum theoria* ou « théorie des évolutions » pour expliquer le développement des organes embryonnaires par « dilatation » progressive en des structures visibles. Mais Swammerdam et Haller défendaient une conception préformationniste selon laquelle l'embryon anatomiquement préformé se développe en se déployant.

C'est en 1759, avec la publication de la *Theoria generationis* de Wolf (1733-1794), que le préformationnisme va être contesté. Les travaux de Wolf sur l'œuf de poule montrent en effet que l'embryon ne se « déroule » pas, mais construit ses organes, étape par étape. Cette conception épigénétique, ou formation successive des organes dans le temps, s'oppose à l'évolution comprise comme une croissance d'organes déjà préformés dès le stade embryonnaire. Charles Bonnet (1720-1793), de son côté, a prêté au mot « évolution » un autre sens. Dans sa *Palingénésie philosophique* (1769), il mentionne l'*évolution naturelle des êtres organisés,* et réactualise une thèse déjà ancienne, celle d'une série entre les êtres vivants ou « échelle des êtres », soit l'existence d'une gradation entre les espèces.

Dans les années 1850, avec Herbert Spencer (1820-1903) le mot évolution prend une autre signification. Spencer place l'évolution au carrefour de l'embryologie et de l'histoire du vivant. D'abord en 1854, quand il fait référence à la loi de Baer (1792-1876), laquelle stipule que le développement embryonnaire des organismes va de l'homogène vers l'hétérogène. Puis, après la publication de *L'Origine des espèces* (1859) de Darwin (1809-1882), quand il transpose le principe de complexification du développement embryonnaire à l'histoire du vivant. À ses yeux, il ne s'agit pas seulement d'une loi organique, mais plus généralement d'une loi de progrès qui s'applique aussi bien aux organismes qu'aux sociétés humaines. En 1878, T.H. Huxley (1825-1895), acquis à *L'Origine des espèces*, retrace, dans un article de l'*Encyclopaedia Britannica*, un historique de l'usage du mot « évolution », et conclut en l'associant à la théorie de la sélection naturelle de Darwin. Ainsi, petit à petit, c'est sous le nom de théorie de l'évolution que le darwinisme s'impose dans la communauté scientifique, bien que Darwin, pour sa part, n'utilisât que très tardivement, sous l'influence de Huxley, le mot évolution, dans la 6e édition (1872) de *L'Origine des espèces.*

Aujourd'hui, l'évolution va au-delà du strict cadre darwinien. Le terme recouvre les processus, les mécanismes et les modalités de l'histoire du vivant. Le *Third Webster's International Dictionary* définit l'évolution comme « le processus par lequel, grâce à une série de modifications ou de sauts, n'importe quel organisme vivant ou groupe d'organismes a acquis les caractères morphologiques ou physiologiques qui le caractérisent ». Dans les manuels scolaires ou universitaires, l'évolution est énoncée comme un « processus historique de transformations héréditaires, irréversibles en termes de probabilités, dans l'organisation des êtres vivants » (Devillers, Mahé, 1980). Ce renversement sémantique, avant et après Darwin, de la transformation de l'embryon à la transformation des espèces, traduit aussi un changement de conception de l'histoire du vivant. Avant Darwin, l'histoire du vivant est souvent interprétée comme une transformation ontogénétique des espèces sur le modèle du développement embryonnaire ; à partir de Darwin, il s'agit d'une histoire de la formation de nouvelles espèces, ou spéciation, par sélection naturelle.

La superposition entre le sens commun, l'étymologique, et le sens scientifique est une des difficultés de l'enseignement. Car le mot dépasse sa seule définition. Il nous renvoie à notre représentation de l'histoire du vivant et à celle de l'origine de la vie. Ainsi, François Jacob, dans son livre *Le Jeu des possibles* (1981), revient sur ce statut, *a priori*, ambigu de la théorie de l'évolution, entre science et mythe :

> « Parmi les théories scientifiques, la théorie de l'évolution possède un statut particulier ; non seulement parce que, dans certains, aspects, elle reste difficile à étudier expérimentalement et donne encore lieu à des interprétations diverses ; mais aussi parce qu'elle rend compte de l'origine du monde vivant, de son histoire et de son état présent. En ce sens la théorie de l'évolution est souvent traitée comme un mythe, c'est-à-dire comme une histoire qui raconte les origines et par là même explique le vivant et la place qu'y tient l'homme. »

Un des dangers qui guette, effectivement, l'enseignement serait de traiter de l'évolution exclusivement sur un mode narratif. Autrement dit, raconter l'histoire du vivant indépendamment de la sélection naturelle ou d'autres mécanismes biologiques au risque de se voir opposer d'autres récits, comme le récit du mythe de la Création (Genèse, Véda, etc.). Le mythe est une production culturelle, en quête de sens sur nos origines. Comme tout récit il est « une interprétation de soi » comme le souligne le philosophe P. Ricœur (*Temps et Récit*, 1985). Au-delà d'une histoire fabuleuse ou chimérique, il est aussi chargé de valeurs qui donnent sens aux origines et au devenir de la société. Mais c'est aussi un récit définitif qui ne demande pas à être vérifié, rectifié ou critiqué.

La théorie de l'évolution, quant à elle, a pour fonction d'expliquer la formation ou l'extinction des espèces par des causes biologiques, toujours à l'œuvre qui peuvent être testées et validées par l'expérimentation. Elle est donc soumise à vérification et réactualisée par l'acquisition de nouvelles données. Pourtant, depuis Darwin, des mouvements créationnistes n'ont cessé de l'attaquer au motif qu'elle est contraire au récit de la Création. Mais face à la montée des néo-créationnismes qui cherchent, coûte que coûte, à contester la légitimité de l'enseignement scientifique de l'évolution, l'École résiste à l'obscurantisme ou aux tentatives de destruction des savoirs.

L'objectif de ce livre n'est pas de faire un exposé des connaissances scientifiques sur l'évolution, ni de proposer une pédagogie ou un « comment-faire » clé en main, à la manière des manuels scolaires. Il s'agit plutôt d'évoquer quelques pistes de réflexion pour une contribution à un enseignement opératoire face aux « objections » anti-évolutionnistes et aux manipulations idéologiques dont est parfois l'objet la théorie de l'évolution. Trois parties seront abordées en relation avec trois thématiques :

- la première partie, « L'évolution, une question vive dans la société », présente, d'une part, les termes du débat concernant l'opposition néo-créationniste à l'enseignement de l'évolution et, d'autre part, l'instrumentalisation idéologique de la théorie de l'évolution. À partir de ces deux tensions sont discutés les enjeux sociétaux de l'enseignement face aux résistances socioculturelles des élèves vis-à-vis de l'évolution ;
- la deuxième partie, « Du débat scientifique à l'enseignement », présente les acquis de la biologie de l'évolution depuis Darwin et l'histoire des programmes scolaires depuis plus de cent ans ;
- enfin, la troisième partie, « Les enjeux éducatifs », interroge les pratiques pédagogiques face aux conceptions socioculturelles des élèves sur l'histoire du vivant, et propose des pistes pédagogiques et de nouvelles perspectives d'enseignement de l'évolution, de l'école primaire au lycée.

Chacune de ces trois parties tente de faire le point sur la situation actuelle de l'enseignement de l'évolution, pour répondre, au plus près, aux interrogations des élèves sur l'histoire du vivant.

Je tiens particulièrement à remercier, ici, mes élèves et mes collègues qui, depuis des années, ont nourri ma réflexion en didactique de la biologie et contribué, de près ou de loin, à la rédaction de cet essai.

PREMIÈRE PARTIE

Une question vive dans la société

Chapitre 1

Les attaques créationnistes

Régulièrement des incursions sont tentées, de l'école primaire à l'université, pour contester l'enseignement de l'évolution. Même si la visibilité médiatique des mouvements anti-évolutionnistes européens est moindre qu'aux États-Unis, il n'en demeure pas moins qu'ils sont particulièrement actifs et gagnent en audience auprès de l'opinion.

À la différence des créationnistes américains, très revendicatifs, les mouvements européens adoptent souvent la stratégie de la « résistance ». Tout au moins, est-ce ainsi que, dans les classes, certains élèves, militants créationnistes, se positionnent quand ils disent à leur enseignant : « j'apprends le cours sur l'évolution pour les contrôles et le Bac, mais je ne crois pas ce que vous dites » ou « dans la Bible, Dieu a dit à Adam de tenir en soumission les créatures terrestres et autres ; donc l'homme ne peut pas être un animal, comme l'affirme *L'Origine des espèces* de Darwin » (élèves de 3e, enquête C. Fortin, 2001). Ces élèves renvoient la science de l'évolution à une croyance qu'ils ne partagent pas.

L'anti-évolutionnisme européen, plus discret qu'aux États-Unis, est cependant combatif. Relayé par des personnalités politiques ou religieuses, il cherche à saper la légitimité de l'enseignement de l'évolution. Ainsi, en 2004, la ministre italienne de l'Éducation, Letizia Moratti, a proposé de ne plus enseigner l'évolution humaine. La même année, la ministre serbe de la Culture, Ljiljana Colic, souhaitait la suppression de l'enseignement de l'évolution à l'école primaire pour le remplacer, purement et simplement, par un enseignement créationniste. Mais l'Académie des sciences et le vice-ministre de l'Éducation de la Serbie s'opposèrent avec force à cette suppression, ce qui conduisit à la démission de la ministre. En 2006, Miroslow Orzechowski, vice-ministre polonais de l'Éducation, déclarait que « la théorie de l'évolution est un mensonge, une erreur qu'on a légalisée comme une vérité courante ». En France, le CESHE (Centre d'étude historique et scientifique), mouvement catholique minoritaire et conservateur, fondé en 1980, préconise lui aussi une lecture créationniste de l'histoire du vivant. Toujours en 2006, en Grande-Bretagne, le gouvernement de Tony Blair a autorisé un enseignement créationniste au nom du libre choix des familles. En Russie, certains membres de l'Église orthodoxe remettent en cause l'évolution, comme le père Vsevolod Tchapline, vice-président du Département des relations extérieures du Patriarcat de Moscou, qui l'assimile à une doctrine idéologique :

> « Jusqu'à aujourd'hui nos écoles connaissent le monopole et une véritable dictature du darwinisme qui, n'étant qu'une des hypothèses ou des théories de l'origine du monde et de l'homme, est présentée actuellement comme la vérité scientifique infaillible et hors de toute contestation » (interview, 2007, Radio de Moscou).

En Suisse, le mouvement ProGenesis (Pour la Genèse) a pour projet un parc de loisir « Genesis Land » sur le modèle du premier musée créationniste en 1996 à Ulma en Suède, et sur celui qui s'est ouvert, en 2007, aux États-Unis dans le Kentucky.

Mais l'exemple le plus médiatique est, sans doute, en 2007, la diffusion gratuite dans des établissements scolaires et universitaires – en France, en Suisse et en Belgique – de l'*Atlas de la Création* d'Harun Yahya. Cet ouvrage, richement illustré, reprend la même rhétorique que les créationnistes chrétiens, mais cette fois-ci au nom d'une certaine vision de l'Islam. Pour lutter contre ce prosélytisme en terrain scolaire, les ministères de l'Éducation des trois pays concernés ont demandé que l'ouvrage ne soit pas mis à disposition des élèves.

L'argumentation de l'*Atlas* est son apparente simplicité. Par exemple, sont juxtaposées une photo d'une salamandre et celle d'un squelette fossile d'amphibien ou une photo d'une fougère actuelle et d'une fougère fossile. L'objectif est de montrer au lecteur que les amphibiens et les fougères fossiles sont semblables aux amphibiens et fougères actuels ; et d'en conclure que, puisqu'ils sont si semblables, c'est bien qu'ils ne se sont pas transformés au cours des temps géologiques. L'*Atlas* entretient, sciemment, la confusion en ne distinguant pas les espèces fossiles des espèces actuelles, pour ne retenir que la ressemblance, alors qu'il s'agit, en réalité, d'espèces différentes.

En 2006, le Conseil de l'Europe a publié un rapport intitulé « Les dangers du créationnisme dans l'éducation ». Inquiètes de la diffusion des idées créationnismes en Europe, les 27 académies des sciences des États membres ont signé une déclaration pour défendre l'enseignement de l'évolution face à une montée du créationnisme.

Il est intéressant de noter que, généralement, les autorités religieuses ne sont pas opposées à l'enseignement de l'évolution et restent attachées à la séparation de la religion et de la science. Ainsi, en Grande-Bretagne, en 2006, devant la pression des chrétiens créationnistes, l'archevêque de Canterbury a été amené à prendre position en faveur de l'enseignement de l'évolution dans les écoles publiques. Même, dans un état théocratique, comme celui de la République islamique d'Iran, l'académie des sciences iranienne est un des signataires de IAP (InterAcademy Panel) de la déclaration sur l'enseignement de l'évolution regroupant 70 académies des sciences dans le monde. Tant que science et religion restent indépendantes, l'une de l'autre, l'enseignement de l'évolution est reconnu, mais là où cette séparation est remise en cause, il est menacé.

Bien qu'il n'existe pas en France, comme dans certains pays, un front anti-évolutionniste puissant, se manifestent de plus en plus des interventions, écrites ou orales, d'élèves exprimant clairement leur opposition, en raison de leur croyance religieuse :

> « À mon avis et selon les Écritures, il est tout à fait possible que l'homme ait côtoyé les dinosaures jusqu'à ce que ceux-ci soient détruits par un grand cataclysme d'eau appelé le déluge, et jamais survenu auparavant » (classe de Seconde, thèse Fortin).
>
> « Comme nous le savons, les biologistes ont des points de vue très divergents, non seulement sur les causes de l'évolution, mais aussi sur le processus évolutif lui-même. Ces divergences existent parce que les preuves ne sont pas vraiment convaincantes, et ne permettent pas d'ar-

river à aucune conclusion certaine. Il est donc normal d'attirer l'attention des gens qui ne sont pas au courant sur les désaccords au sujet de l'évolution » (élève Témoin de Jéhovah, classe de 3e, thèse Fortin).

Ainsi, malgré sa tradition laïque, la France ne fait pas exception à une contestation de l'enseignement de l'évolution qui, sans être frontale, est néanmoins réelle. Pour comprendre cette opposition, il faut y voir non pas une forme d'obscurantisme, mais bien une pensée militante et politique. Militante, car le créationnisme n'est pas seulement la croyance en une transcendance ou l'appartenance à une communauté religieuse ; le créationnisme est une réécriture de l'histoire du vivant, conformément à un référentiel religieux où il est interdit d'envisager un lien de parenté entre les espèces. Politique, car il s'agit de soumettre l'activité scientifique au contrôle de ce référentiel.

Il convient, cependant, de distinguer les différentes formes de créationnismes, en particulier le créationnisme anti-darwinien et l'*Intelligent Design*. Tous deux, en effet, n'ont pas la même origine historique ni les mêmes visées socioculturelles.

Le créationnisme anti-darwinien

Jusqu'au XVIIIe siècle, le créationnisme était une donnée culturelle. Ainsi, les coquilles fossiles collectées par les naturalistes dans les montagnes étaient interprétées comme une preuve matérielle du Déluge, tel que la Bible le raconte. Mais la publication de la *Philosophie zoologique* de Lamarck en 1809, puis celle de *L'Origine des espèces* de Darwin en 1859 vont faire naître en réaction un créationnisme militant opposé au transformisme. Fondé exclusivement sur la littéralité des Écritures, ce créationnisme s'oppose à l'idée de parenté entre les espèces, et refuse *a fortiori* de considérer l'Homme comme un animal parmi d'autres.

Né aux États-Unis avec la « Niagara Bible Conference » dans les années 1880-90, le mouvement créationniste va fédérer différentes églises chrétiennes, généralement d'origine protestante, autour de l'idée que la Bible est la seule source de connaissances. Ses participants se qualifient, eux-mêmes, de fondamentalistes pour montrer leur attachement à ne pas vouloir interpréter les Écritures. De fait, ils se séparent de la théologique protestante traditionnelle, et fondent une nouvelle orthodoxie.

Ce mouvement va aussi lutter activement contre la sécularisation de la société américaine. Il soutient les lois dites « anti-évolution », lesquelles interdisent l'enseignement du darwinisme dans les écoles publiques de certains États américains comme le Tennessee ou l'Arkansas. Pourtant, en 1925, un enseignant, J.T. Scopes, à Dayton dans le Tennessee, brave la loi, et enseigne le darwinisme dans sa classe. Son procès fut l'occasion pour l'*American Civil Liberty Union*, mouvement laïc, de faire valoir publiquement l'indépendance de l'enseignement scientifique à l'égard de la religion. Mais il faudra attendre 1968 pour que ces lois « anti-évolution », restées en vigueur dans certains États, soient enfin déclarées anticonstitutionnelles par la Cour suprême américaine.

Du côté de l'Église catholique, la reconnaissance de l'évolution est assez tardive. D'abord, le pape Pie IX condamne par l'encyclique *Pascendi domini* (1907) l'ouvrage de Darwin, jugé incompatible avec la Genèse. Puis en 1950, le pape Pie XII, dans l'encyclique *Humani generis*, reconnaît timidement l'évolution comme « une hypothèse sérieuse ». Ce n'est qu'en 1996 que le pape Jean Paul II, lors du 60e anniversaire de l'Académie pontificale des sciences, reconnaît l'évolution comme « plus qu'une hypothèse ». Lors de son intervention, le pape Jean-Paul II s'appuie sur les travaux menés par les chercheurs pour prendre acte de la pertinence de la théorie : « Aujourd'hui, près d'un demi-siècle après la parution de l'encyclique (*Humani generis*), de nouvelles connaissances conduisent à reconnaître dans la théorie l'évolution plus qu'une hypothèse ». Et d'ajouter :

> « Il est en effet remarquable que cette théorie se soit progressivement imposée à l'esprit des chercheurs, à la suite d'une série de découvertes faites dans diverses disciplines du savoir. La convergence, nullement recherchée ou provoquée, des résultats de travaux menés indépendamment les uns des autres, constitue par elle-même un argument significatif en faveur de cette théorie. »

Il faut donc, aujourd'hui, distinguer entre un créationnisme culturel, antérieur au darwinisme, et un créationnisme politique né en réaction à celui-ci. Ce changement de qualification du créationnisme est à mettre en relation avec des conflits de vérité : qui dit vrai, la Bible ou la science ? Mais aussi, avec des conflits de temporalité : temps profane ou sacré ? En effet, selon la tradition biblique, la nature est créée une fois pour toutes. Le commencement de la vie sur Terre date de l'instant primordial et définitif de la Création. L'origine de la vie est alors placée hors du temps historique, dans un temps cosmogonique marquant le passage du néant au vivant. Ainsi, le temps de la Création est celui de la perfection de la nature. Tous les êtres vivants ayant été créés dans un temps désormais révolu, il ne peut y avoir d'histoire de la nature. Certes les espèces peuvent disparaître de la surface de la Terre, mais de nouvelles ne peuvent se former. Seule, subsiste une histoire humaine, placée dans l'horizon de la Révélation : celle de la fin des temps pour accéder au Royaume.

Cette rupture entre le temps sacré et le temps profane est inconcevable pour le créationnisme. Là où la religion concevait l'éloignement du temps des origines comme le signe visible d'une corruption du vivant, le darwinisme en fait un facteur de la production de nouvelles espèces. Il désacralise le temps de la Création et fait de l'homme un produit, parmi d'autres, de l'histoire du vivant. Or le temps « sacré » a pour vocation, à la fin des temps, de rendre à l'humanité sa pureté originelle. Pour le créationnisme, il est donc insupportable d'enraciner l'humanité dans l'animalité, en prêtant à l'homme une ascendance simiesque ou de lui reconnaître, comme pour toute autre espèce, une extinction probable.

Depuis le procès de Scopes, de l'eau a coulé sous les ponts, mais le créationnisme n'a eu de cesse d'attaquer l'enseignement de l'évolution. Dans les années 1960, l'association américaine, *The Creation Research Society* (CRS), cherche à contrer le développement de l'enseignement de l'évolution, et à promouvoir un enseignement dit « scientifique » de la Création. L'objectif avoué est de remettre en cause la légitimité de l'enseignement de l'évolution. En 1970, la CRS donne naissance à « *l'Institute for Creation Research* » (ICR) qui se consacre à une reconstitution scientifique de l'histoire de la vie sur Terre à partir des données bibliques. Comme indiqué sur son site internet, l'Institut cible l'éducation et les médias pour ancrer son discours : « *The Institute for Creation Research equips believers with evidences of the Bible's accuracy and authority through scientific research, educational programs, and media presentations, all conducted within a thoroughly biblical framework*[1]. »

Depuis 1981, la CRS et l'ICR sont juridiquement indépendants. Mais ces deux associations ont le même substrat religieux. Seul point de divergence, la durée du temps : pour les « Young-Earth Creationists » (YEC), le monde a été créé en six jours comme le dit la Bible, tandis que pour les « Old-Earth Creationists » (OEC), les six jours ne sont qu'une représentation du temps nécessaire à la Création. Ainsi, la Genèse devient un texte prescriptif des pratiques de la « science de la Création », pour rechercher les faits bibliques de la Création tels qu'ils sont décrits dans les Écritures. Point de place ici, pour une exégèse des Textes mettant en avant une représentation archétypale de l'humanité avec Adam et Ève, puisqu'ils sont considérés comme des personnages historiques.

La « science de la Création » affirme aussi que tous les fossiles connus datent du temps du Déluge, comme en attestent, soi-disant, les empreintes de dinosaures et d'humains retrouvés côte à côte. Les dinosaures n'ont donc pas précédé les humains de plusieurs millions d'années, comme le montrent les études paléontologiques et les datations par radiochronologie, mais tous deux auraient cohabité. Autres types d'affirmations de la science de la Création : « on n'a jamais vu une espèce se transformer en une autre, la Terre n'a que 6000 ans, ou encore, même si l'homme a des gènes communs avec la banane, nous ne descendons pas de la banane, etc. ».

Bien que chacune de ces assertions ait été reprise, démentie, clarifiée et explicitée par les biologistes, la « science de la Création » trouve toujours, malheureusement, une oreille attentive, car elle choisit des arguments en apparence de « bon sens ». En effet, on ne peut assister à la transformation d'une espèce en une nouvelle, car le temps géologique nécessaire, généralement plusieurs millions d'années, ne permet pas d'être le témoin oculaire de cette transformation. Mais les biologistes savent produire de nouvelles

1. « L'Institut de Recherche de la Création apporte aux croyants l'évidence exacte de la Bible et de son autorité au travers de la recherche scientifique, des programmes d'éducation et de présentations pour les médias, tous entièrement conduits dans le cadre biblique. »

espèces en laboratoire, et ils disposent d'archives fossiles pour suivre la transformation des espèces au cours du temps. Quant à l'âge de la Terre ou des fossiles, il est déterminé par la désintégration d'éléments radioactifs selon une loi de décroissance exponentielle en fonction du temps. Il est alors possible de dater la formation d'une roche ou la mort des organismes. De même, la biologie de l'évolution ne dit pas que l'espèce humaine descend de la banane, mais que les gènes communs aux deux espèces ont été hérités d'un ancêtre commun, très lointain, etc.

Mais l'influence conjuguée de la CRS et de ICR fut si importante dans les années 1980 que certains États américains votèrent le « *Balanced Treament Act* », loi selon laquelle la « science de la Création » devait être enseignée, en classe, en parallèle de la biologie de l'évolution. En 1981, à Little Rock dans l'Arkansas, une enseignante confrontée à cette obligation décida de porter l'affaire en justice. Lors du procès, créationnistes et scientifiques s'affrontèrent, tout comme en 1925 dans le procès de Scopes, à deux différences près. D'une part, le débat public et juridique dura presque six ans, et, d'autre part, les autorités religieuses catholiques, protestantes et juives condamnèrent les positions créationnistes. En 1987, au terme de cette bataille juridique, le juge fédéral considéra que le « *Balanced Treament Act* » était simplement une tentative pour introduire une version créationniste dans les programmes scolaires des écoles publiques. L'enseignement de la « science de la Création » fut alors interdit dans l'enseignement public.

À défaut de trouver un ancrage dans l'enseignement, le CRS et ICR travaillent désormais à convaincre autrement l'opinion. L'ouverture, en 2007, d'un musée créationniste à Petersburg dans le Kentucky illustre leur nouvelle ligne de communication. En présentant, l'un à côté de l'autre, dinosaures et humains malgré les 60 millions d'années qui les séparent, le visiteur est « éduqué » à reconnaître dans le texte de la Genèse l'unique vérité de l'histoire du vivant. Or, ce texte a une portée symbolique et théologique, mais il n'est ni un texte relatant des événements historiques ni un texte d'explication scientifique. Ainsi, le créationnisme utilise le récit de la Création comme une vérité historique. Dans ce cas, nous ne sommes plus dans la métaphore du récit, mais bel et bien dans une dimension idéologique dictée par une finalité d'action. Le créationnisme instrumentalise le religieux, comme jadis lors du procès de Galilée, la parole scientifique se devait d'être conforme aux préceptes de l'Église. Comme au temps de Galilée où il importait de ne pas enseigner la conception héliocentrique pour maintenir une certaine conception de l'ordre naturel, aujourd'hui il importe aux créationnismes de condamner l'enseignement de l'évolution pour maintenir une conception génésiaque du vivant.

De même que les modèles copernicien, galiléen et newtonien ont expliqué les révolutions des planètes autour du Soleil indépendamment de toutes interprétations bibliques, la théorie de l'évolution explique, rationnellement, l'histoire des espèces. Opposer la Genèse à l'évolution n'a pas grand sens. Car la Genèse ne dit rien sur l'évolution, pas plus que la biologie de l'évolution n'a à dire sur la Genèse. Mais, dans la pensée créationniste, la science est conçue comme une projection théologique d'une vérité définitive et figée. Cette représentation exclut le consensus provisoire en l'attente de nouvelles recherches. On comprend mieux, dès lors, la nécessité d'une « science de la Création » pour confirmer ce qui est écrit dans la Bible, et non pas pour investiguer hors du cadre des Écritures.

L'*Intelligent Design*

L'*Intelligent Design* (ID), en français « conception intelligente » ou « dessein intelligent », explique l'organisation et la complexité du vivant par l'existence d'un Concepteur ou d'une Intelligence Suprême. En 1985, la publication de l'ouvrage du biochimiste M. Denton, *L'évolution : une théorie en crise,* a participé à la construction du mouvement de l'Intelligent Design. Dans un chapitre intitulé « L'énigme de la perfection », Denton prend position en affirmant que « le degré de complexité et d'ingéniosité si omniprésent dans la nature n'a jamais pu être obtenu par pur hasard : ce sentiment intuitif n'a jamais cessé d'alimenter le scepticisme depuis la publication de *L'Origine* ». Refusant, le hasard[1], Denton

1. Le hasard, en science, se comprend généralement au sens de Cournot (1801-1877), c'est-à-dire comme une rencontre de séries causales indépendantes. Par exemple rencontre entre mutation, milieu et sélection donne un résultat imprévisible : transformation, extinction ou *statu quo* des espèces.

en appelle à l'hypothèse de la création intelligente de la vie pour expliquer l'apparente perfection du vivant. En 1991, P. Johnson[1], juriste à Berkeley, publie *Darwin on Trial* où il accuse la biologie de l'évolution de ne pas prendre en compte l'hypothèse d'une création intelligente. En 1996, le biochimiste M. Behe[2] expose, dans son livre *Darwin's Black Box : The Biochemical Challenge to Evolution*, le principe de la complexité irréductible, selon lequel tous les composants du vivant sont indispensables à son fonctionnement. Pour Behe, ceci constitue une preuve du non-hasard dans la mise en œuvre de la complexité du vivant.

La promotion de l'ID s'appuie sur la création d'une fondation, le Discovery Institute, dont le noyau dur sera constitué par Johnson, Behe et Demski dès les années 1990. De cet organisme émergera en 1999 le Center for the Renewal of Culture and Science, puis en 2002 le Center for Science and Culture (CSC).

Contrairement au créationnisme anti-darwinien, caractérisé par une conception génésiaque de l'origine de la vie, l'ID ne nie pas qu'il y ait transformation du vivant au cours du temps, voire formation de nouvelles espèces. Cependant, il refuse l'idée que la sélection naturelle soit un mécanisme aveugle, et lui substitue le principe de la complexité irréductible. Associé à une conception intelligente, ce principe est censé expliquer l'adaptation des organismes. Behe donne comme exemple de complexité irréductible, la construction de l'œil ou la succession des facteurs biochimiques nécessaires à la coagulation du sang. En réalité, ces deux exemples s'expliquent dans le cadre de la sélection naturelle sans avoir besoin de recourir au principe de la complexité irréductible.

Parfois considéré comme le cheval de Troie du créationnisme pour reconquérir l'opinion, l'ID n'est pas pour autant réductible à celui-ci. S'il existe des alliances de pensée, de stratégie et de personnes avec l'Institue for Creation Research, l'ID est davantage une résurgence de la théologie de l'histoire naturelle du XVIIIe siècle. D'ailleurs les pro-ID font souvent en référence à William Paley (1743-1805). Ce pasteur anglican prenait pour exemple la décou-

1. Johnson P. (1991). *Darwin on Trial*. Inter-Varsity Press.
2. Behe M.J. (1996). *Darwin's Black Box : The Biochemical Challenge to Évolution*. Free Press.

verte lors d'une promenade d'un objet aussi complexe qu'une montre, qui ne pouvait être interprété que comme le produit d'un concepteur. Par analogie, il en concluait que tout ce qui existe dans la nature, c'est-à-dire les « objets-vivants » sont, eux aussi, le produit d'un Créateur.

Au XVIIIe siècle, ce raisonnement analogique et finaliste était partagé par les naturalistes. Réaumur, étudiant la construction des cellules fabriquées par les abeilles et admiratif du résultat obtenu, en concluait :

> « Dans une suite infinie de pyramides, les abeilles avaient à en choisir une ; et il est à présumer ou plutôt il est certain et incontestable, qu'elles ont préféré celle qui rassemble le plus d'avantages ; car ce n'est pas à elle à qui l'honneur du choix est dû, il a été fait par une intelligence qui voit l'immensité des suites infinies de tous les genres et toutes leurs combinaisons » (*Mémoires pour servir à l'histoire des insectes,* 1734-1742).

L'ID reprendrait volontiers à son compte ces phrases de Réaumur sans la moindre hésitation, car il s'agit là, d'une vision téléologique du vivant, et non téléonomique. La téléonomie, terme créé par J. Monod[1], explique l'organisation, le fonctionnement et l'histoire du vivant uniquement par des contraintes biologiques, tandis que la téléogie les explique par une cause finale ou un dessein.

Selon l'ID, toutes les fonctions biologiques sont dirigées vers un but, une intention que le scientifique devrait découvrir. Cette vision téléologique donne un sens métaphysique à l'organisation de la matière et à l'histoire du vivant. Mais elle s'interdit de penser que l'action aléatoire de la sélection naturelle puisse produire de la complexité. Pour l'ID tout obéit à une finalité intelligente. Quant à la finalité des extinctions des espèces qui jalonnent l'histoire du vivant, l'ID n'y apporte aucune réponse.

L'ID partage avec le créationnisme la volonté d'imposer sa vision téléologique dans les universités et les écoles. Mais là où les créationnistes invoquent le respect des convictions religieuses, les

1. Monod J. (1970). *Le hasard et la nécessité. Essai sur la philosophie naturelle de la biologie moderne.* Éd. du Seuil.

partisans de ID prétendent au « libre choix » entre l'évolution et l'ID. Comme s'il y avait débat scientifique entre deux options.

Dans les années 2000, l'ID a séduit une partie de l'opinion américaine. Des conseils scolaires de différentes écoles publiques proposèrent alors un enseignement de l'ID en parallèle avec celui de l'évolution. En 2005, des familles d'une école de Dover, en Pennsylvanie, ont engagé une action en justice pour dénoncer un enseignement religieux sous couvert de l'ID comme pseudo-science. Le procès de Dover a contraint le juge fédéral à se prononcer sur la validité scientifique de l'ID tout autant que sur celle de la biologie de l'évolution. Ce nouveau procès convoqua scientifiques et épistémologues pour savoir si l'ID était recevable au même titre que la théorie de l'évolution. Après avoir écouté toutes les parties, le juge considéra que l'enseignement de l'ID imposait de façon déguisée une vision religieuse, et qu'il ne pouvait pour cette raison être enseigné, en classe de sciences, dans les établissements publics.

Mais l'ID n'est pas une spécificité américaine. En Europe, il existe à côté de la position officielle du Vatican, selon laquelle l'évolution est « plus qu'une hypothèse » (Jean-Paul II, 1996) une position pro-ID défendue par Christoph von Schönborn, archevêque de Vienne. Dans un article du *New York Times* du 7 juillet 2005 intitulé « *Finding design in nature* » il précise que « l'évolution prise au sens de l'existence d'un ancêtre commun peut être vraie, mais l'évolution au sens du néo-darwinisme – un processus non orienté, non organisé, dû aux variations fortuites et à la sélection naturelle – n'est pas vraie. Tout système de pensée qui dénie ou cherche à rejeter la preuve écrasante d'un dessein en biologie est de l'idéologie, pas de la science. »

Aux Pays-Bas, la ministre de l'Éducation, Maria Van Hoeven, dit ne pas croire au hasard, et a proposé d'organiser un débat sur les théories de l'évolution dans les écoles pour laisser place à l'ID. En Turquie, des manuels scolaires intègrent déjà une approche proche de celle l'ID. En France, l'ID a trouvé un écho favorable à UIP (Université Interdisciplinaire de Paris). Cette association loi 1901, fondée en 1995, avec soutien de scientifiques, dont certains prix Nobel (C. Townes et A. Schawlow en physique, J. Eccles en médecine), cherche à concilier science, philosophie et religion. Dans ce but, elle organise des colloques pour diffuser à la fois des connaissances scientifiques et les valeurs spirituelles qui l'animent.

En résumé, le créationnisme et l'ID, bien que très proches, n'ont pas tout à fait les mêmes ambitions. Ils ont en commun d'être une pensée forteresse, repliée sur elle-même, qui ne reconnaît pas la non-finitude du savoir scientifique. Néanmoins, ils sont différents. Le créationnisme a avant tout un projet théocratique, tandis que l'ID cherche à pourfendre le matérialisme inhérent à l'activité scientifique.

L'enseignement de l'évolution et la laïcité

En France, la loi de 1905 de séparation des Églises et de l'État garantit que la religion ne peut influer sur l'enseignement des sciences comme tentent de le faire les créationnismes dans certains pays. Mais l'enseignement se doit aussi de respecter les convictions de chacun. Enseignements religieux et scientifiques se sont donc développés indépendamment l'un de l'autre. Néanmoins, l'histoire évolutive du vivant peut être interprétée en fonction de ses convictions.

Une enquête récente de Tonie Stolberg[1] (2007), de l'université de Birmingham, nous apprend aussi que pour certains enseignants, la science est non seulement un moyen de comprendre le monde physique, mais un possible moyen d'exploration des problèmes métaphysiques. Les travaux de Pierre Clément[2] (2007), de l'université de Lyon, montrent aussi qu'en Europe, au Maghreb et au Liban, les conceptions des enseignants sur l'évolution ne sont pas indépendantes de leur conception religieuse. Ainsi, au sein même de l'école, chez les enseignants comme chez les élèves, il existe une façon personnelle de s'approprier l'évolution.

---

1. Stolberg T. (2007). « The religio-scientific frameworks of pre-service Primary Teachers, *International Journal of Science Education*, vol. 29, June 2007, pp. 909-930.
2. Munoz F., Quessada M. P et Clément P. (2007). « Des analyses statistiques multivariées pour traiter les données issues de questionnaires : conceptions d'enseignants et futurs enseignants de douze pays sur l'évolution », Actes des Journées de l'Assoc. pour la Recherche en Didactique des Sciences et des Techniques (ARDIST).

Pour autant ne pas reconnaître la séparation du religieux et du scientifique, c'est prendre le risque de subordonner les faits historiques à une possible interprétation religieuse. Enfin, c'est laisser croire, à tort, qu'il existe une concurrence explicative sur l'origine et l'histoire du vivant entre science et religion.

Si l'École n'a pas pour objectif d'opposer évolution et religion, elle se doit, cependant, de préciser que toutes deux appartiennent à des champs anthropologiques différents : d'un côté, la connaissance scientifique comme l'explication matérialiste de l'histoire de la nature; de l'autre, l'interprétation religieuse qui cherche à justifier l'histoire et l'existence de la nature.

Pour éviter une superposition et une confusion entre religion et science, l'enseignement de l'évolution doit être vigilant. Rappeler que l'histoire du vivant s'explique exclusivement par des causes matérielles, intelligibles en termes de mécanismes biologiques, et que la science n'a pas pour objet de rechercher s'il y a ou non un projet évolutif.

La théorie de l'évolution ne dit pas que l'action du hasard est une action créatrice *ex nihilo*, mais que l'histoire du vivant est la réalisation d'un cas parmi d'autres possibles, résultant de contraintes biologiques et physico-chimiques. Où tout néanmoins n'est pas possible, car la sélection naturelle ne peut réaliser qu'un nombre limité de possibilités. Elle agit sur ce qui existe déjà.

Au-delà du contenu scientifique de la théorie, il peut exister une lecture métaphysique de l'évolution. Métaphysique, au sens kantien d'un pensable et pas seulement d'un connaissable. Ainsi, en est-il de la mécanique céleste de Newton, accessible à chacun, sans en partager son interprétation théiste, ou bien encore, le modèle de la circulation sanguine élaboré par Harvey, fonctionnel en médecine, sans adhérer à sa conception en un dessinateur du système circulatoire, etc. La démarche métaphysique éprouve le besoin de donner des causes premières et des causes finales aux phénomènes étudiés, à l'instar de Bergson (1859-1941) ou de Teilhard de Chardin (1881-1955), qui ont éprouvé le besoin d'investir la théorie de l'évolution pour lui attribuer une dimension autre que scientifique.

Pour le philosophe Bergson, auteur de *L'Évolution créatrice* (1907), l'évolution transcende l'histoire du vivant. L'avenir de l'humanité est inscrit dans cette progression créatrice où l'homme se transforme pour se réaliser spirituellement. Pour le prêtre, paléontologue, et philosophe Teilhard de Chardin, il existe un point Oméga de l'évolution; point qui indique le stade ultime du dépassement de l'humain vers l'ultrahumain, et donne à l'évolution une finalité à la fois messianique et eschatologique.

Mais, à la différence du créationnisme et du Dessein Intelligent qui veulent modifier le fonctionnement même de la recherche scientifique pour qu'il soit en adéquation avec leur conception de l'histoire du vivant, ces interprétations métaphysiques trouvent une justification à l'évolution sans remettre en cause ni la recherche ni l'enseignement scientifique de l'évolution. Reste qu'il existe une dualité irréductible entre le pensable et le connaissable qui permet d'établir la démarcation entre métaphysique et science.

L'effet pervers de la médiatisation des créationnismes

S'il existe des militants actifs du créationnisme et de l'ID, il n'existe pas pour autant un mouvement anti-évolutionniste de grande ampleur qui menacerait, aujourd'hui, les fondements laïques et rationnels de l'École.

En disant cela, il ne s'agit pas de minimiser l'impact des mouvements créationnistes dans la société, mais de les laisser à leur juste place, celle d'une minorité. Minorité agissante mais pas aussi représentative qu'elle le souhaiterait. Bien sûr, un retour à l'obscurantisme ou à une idéologie théocratique n'est jamais à exclure. Cependant, entretenir, pour des raisons idéologiques, médiatiques, ou commerciales, l'opposition créationniste-évolutionnisme, n'est-ce pas faire le jeu de l'opposition des peurs, et nourrir un faux débat : « pour » ou « contre » l'évolution ?

Parce que la mouvance créationniste n'est pas aussi ancrée dans la société qu'elle le voudrait, elle cherche à tout prix à se faire entendre pour rendre inaudible le message scientifique. Pour se faire remarquer, les créationnismes utilisent tous les moyens possibles pour toucher le public et faire parler d'eux : ouverture des musées, utilisation des médias comme vecteur de leur propagande (ex : la diffusion de l'Atlas de la Création, sites internet, etc.). Il faut y voir une stratégie comparable à celle des partis politiques antidémocratiques.

L'objectif est d'utiliser à son profit, les canaux de l'information en y distillant de la désinformation. Procédé bien connu, bien rodé et efficace, mais qui ne doit pas cacher la faiblesse en nombre des troupes créationnistes. Le risque de voir le mouvement créationniste se développer en Europe est à prendre en considération, mais sans lui accorder plus d'importance qu'il n'en a.

C'est pourquoi l'École dont la mission est de former des citoyens éclairés par la transmission et l'appropriation des connaissances n'a pas à participer au débat voulu par le créationnisme. Le créationnisme et l'ID n'ont aucune légitimité scientifique, et s'excluent d'eux-mêmes du champ de l'enseignement de la biologie. Personne n'accepterait aujourd'hui que l'astrologie soit enseignée sur le même plan que l'astronomie, Pourquoi en serait-il autrement des idées créationnistes ? Elles ne peuvent faire l'objet d'un savoir partagé par tous, puisqu'elles relèvent de la conviction.

Soyons sans illusions. Quelle que soit la qualité de l'enseignement de l'évolution, il rencontrera toujours l'opposition créationniste. Celle-ci perdurera, car sa seule raison d'être est d'anéantir la biologie de l'évolution et son enseignement. En revanche, la raison d'être de la recherche en biologie de l'évolution n'est pas de se justifier auprès du créationnisme, mais d'étayer les connaissances sur l'histoire du vivant. Il est donc vain de reprendre, une par une, les contrevérités créationnistes. D'une part, parce que c'est un travail sans fin, et d'autre part parce que la science tire sa légitimité de sa capacité à produire des savoirs opératoires.

Le plus formateur pour les élèves est d'exercer, en classe, leur intelligence à la compréhension des phénomènes naturels, par des causes biologiques et physico-chimiques, et ainsi développer un raisonnement rationnel.

L'École peut ainsi participer à éduquer les élèves à une lecture critique. Apprendre aux élèves les connaissances acquises mais aussi les questions en cours de recherche sur l'évolution, sans oublier d'apprendre à décrypter les objectifs idéologiques de la communication créationniste.

Chapitre 2

Les idéologies autour de l'évolution

L'enseignement de l'évolution est confronté non seulement à l'idéologie créationniste, mais aussi à une idéologie qui défend une biologisation des rapports sociaux. Dans ces conditions, comment parler aux élèves de la sélection naturelle ? Définir le concept est une première étape nécessaire, mais pas suffisante. Encore faut-il expliquer que la sélection naturelle n'est pas l'équivalent de « la loi du plus fort », et que cette interprétation n'est autre qu'une instrumentalisation sociopolitique du concept biologique de sélection naturelle.

L'instrumentalisation de la sélection naturelle

Comment l'idéologie sélectionniste s'exprime-t-elle dans la société, et quel impact peut-elle avoir sur l'enseignement de l'évolution ?

Contrairement, au créationnisme et à l'Intelligent Design qui revendiquent leur opposition à la biologie de l'évolution, l'idéologie du darwinisme social, de l'eugénisme ou de la sociobiologie instrumentalise la sélection naturelle en une omniscience de la gestion des sociétés humaines, que ce soit au niveau politique, économique, etc. Par conséquent, il n'existe plus de distance entre le concept biologique de sélection et l'analyse de la complexité des relations de l'Homme au monde.

Pour comprendre les dérives idéologiques dont fait l'objet la sélection naturelle, il faut d'abord en revenir à l'émergence du concept de sélection, pour saisir à quel point il rompt avec les anciennes conceptions de l'ordre naturel.

Au XVIIIe siècle prédomine la conception fixiste de l'organisation du vivant. L'organisation de la nature relève de ce que Linné appelle : la *police naturelle*. Celle-ci assure la répartition des espèces, via les ressources disponibles. Cette vision du vivant prend toute sa dimension avec la classification linnéenne où les organismes sont rangés en catégories hiérarchisées : le Règne, l'Ordre, la Classe, etc.

Un autre concept linnéen, celui d'*économie naturelle*, renforce l'idée de la stabilité selon laquelle chaque organisme a sa place et sa fonction : « Par économie de la nature, on entend la très sage disposition des êtres naturels, instituée par le Souverain Créateur, selon laquelle ceux-ci tendent à des fins communes et ont des fonctions réciproques » (trad. *Oeconomia naturae*, 1749).

Cette stabilité de la nature est néanmoins perturbée par la *guerre des organismes*, notion introduite par Bonnet, et reprise au XIXe siècle par Candolle. La distribution géographique des organismes et la « conquête » territoriale sont ainsi associées pour maintenir l'organisation du vivant. Mais le développement à partir du XXe siècle de la science des relations entre les organismes, ou écologie, reconsidère cette stabilité en termes d'instabilité. À l'image guerrière succède celle de *l'équilibre naturel*, déjà évoqué par Malthus comme mode de régulation des populations et utilisé en écologie pour décrire la stabilité d'un écosystème. Ce nouveau concept d'écosystème énoncé par A.G. Transley (1935) précise les interrelations entre l'environnement et les organismes. La stabilité de l'organisation du vivant cède alors la place à notion l'équilibre naturel : équilibre des populations, des ressources, etc.

Or, tout équilibre, par définition, est instable car soumis à des perturbations. Il ne peut donc être maintenu que par régulation. Pour perdurer, il doit être en quelque sorte « rappelé à l'ordre » par un retour à un état d'équilibre. La régulation est alors garante de la pérennité des écosystèmes. Mais le concept de régulation occulte ou annule la perspective historique au profit de la seule fonctionnalité de l'organisation des écosystèmes. Équilibre et régulation correspondent ainsi à une description assez mécaniste de l'organisation du vivant. Si pour une raison ou une autre l'équilibre est rompu, le chaos menace.

Ce n'est, réellement, qu'avec la découverte de la sélection naturelle que la croyance en une organisation préétablie ou stable du vivant va être reconsidérée. Puisque les espèces, les milieux, et les ressources ne sont que provisoires, l'action de la sélection modifie en permanence les organismes, de façon imprévisible et irréversible.

Darwin reprend l'idée de la lutte pour l'existence, mais dans le cadre de la sélection naturelle. Pour expliquer la transformation des espèces en de nouvelles, il précise : « Ce n'est pas la simple occurrence de variations qui produit les variétés puis les espèces, il y faut l'action sélective de la lutte pour l'existence. »

Ce n'est donc pas la lutte pour l'existence qui est la cause de la spéciation, mais bien son action sélective. Il y a là un bond heuristique important qui constitue ce que l'on appelle communément la révolution darwinienne. Darwin rompt ici avec les conceptions traditionnelles de l'adaptation. Tous les organismes ne sont pas définitivement adaptés à leur milieu, car l'adaptation, résultat de la sélection naturelle, n'est jamais définitive. Il n'existe donc pas de permanence d'un ordre naturel ni de retour possible à un état initial, mais des contraintes physico-chimiques et biologiques à partir desquelles s'exerce l'action de la sélection. Il s'ensuit la conservation, la modification, ou encore l'extinction des espèces.

L'instrumentalisation de la sélection naturelle par des idéologies sociopolitiques correspond, finalement, à une forme de retour à la croyance en ordre naturel préétabli que le darwinisme a définitivement ébranlé.

Darwinisme social et eugénisme

Quand Cuvier publie les *Discours sur les révolutions de la surface du globe* (1825), quarante ans après la Révolution française, le mot « révolution » prend un relief particulier. Il peut aussi bien être compris au sens d'une rupture entre un ancien et un nouveau monde qu'au sens d'un mouvement en retour. Aussi le fixisme de Cuvier est imprégné de cette double conception de l'histoire : histoire discontinue marquée par des ruptures, telles les catastrophes naturelles, et histoire circulaire par le retour à la stabilité après une perturbation passagère.

Au XIXe siècle, une nouvelle conception de l'histoire s'affirme. Dans une société industrielle, traversée par des tensions socio-économiques et politiques, l'histoire est davantage comprise comme une lutte et un progrès. Mais la transformation de la société s'accompagne aussi d'une contestation des croyances, de l'ordre social, de l'ordre économique. Des idéologies se développent, selon lesquelles l'organisation des sociétés humaines obéirait à une loi de la nature : la sélection naturelle, laquelle est associée à la *lutte pour l'existence dans la nature.*

À l'époque de Darwin, la révolution industrielle, les progrès scientifiques et techniques donnent une image de toute-puissance de la science. Non seulement, elle explique la nature, mais elle peut désormais la transformer grâce à l'industrie, la médecine, etc. La publication de *L'Origine des espèces* ajoute une nouvelle dimension. La sélection naturelle explique aussi l'origine animale de l'Homme. Certains pensent alors en tirer argument pour condamner ou justifier l'organisation des sociétés humaines. C'est le cas du darwinisme social qui se développe de la fin du XIXe siècle jusqu'à la première moitié du XXe siècle. Le darwinisme social est né de l'interprétation de la sélection naturelle par H. Spencer comme l'équivalent de « la sélection du plus apte ». Interprétation erronée qui mise sur la concurrence entre les organismes, et non sur la reproduction différentielle. Cette idéologie défend aussi l'idée d'un nécessaire prolongement de la sélection naturelle dans la société, pour améliorer le fonctionnement de la société. Clémence Royer, première traductrice, en 1862, de *L'Origine des espèces* exprime dans sa préface son adhésion au darwinisme social :

> « Cette charité imprudente et aveugle où notre ère chrétienne a toujours cherché l'idéal de la vertu sociale et que la démocratie voudrait transformer en une sorte de fraternité obligatoire, bien que sa conséquence la plus directe soit d'aggraver et de multiplier dans la race humaine les maux auxquels elle prétend porter remède. On arrive ainsi à sacrifier ce qui est fort à ce qui est faible, les bons aux mauvais, les êtres bien doués d'esprit et de corps aux êtres vicieux et malingres. »

Opposant le faible et le fort, le bon et le mauvais, le bien doué et le malingre, Clémence Royer impute, à la charité et à la démocratie, le sacrifice et la perte d'êtres de valeur aux dépens des plus faibles. Cette idée n'est pas nouvelle. Dès l'Antiquité, la question a été débattue pour savoir s'il fallait s'en remettre uniquement à la nature ou faire intervenir la société pour assurer à chacun les mêmes chances de survie. La nouveauté avec darwinisme social, c'est l'utilisation du concept de la sélection naturelle comme loi biologique assurant la reproduction des « forts » et l'élimination des « faibles ». Pour le darwinisme social, la démocratie et les politiques de solidarités contrarient le développement « naturel » des sociétés humaines, car elles accordent les mêmes droits à tous.

Il est vrai qu'une lecture superficielle de l'œuvre de Darwin peut donner prise à de telles interprétations. En effet, dans *L'Origine*, Darwin affirme : « comme il naît beaucoup plus d'individus qu'il n'en peut survivre... et que la lutte se renouvelle souvent entre eux au sujet des moyens d'existence, il s'ensuit que, si quelque être varie si légèrement que ce soit, d'une manière qui lui soit avantageuse... il aura toutes les chances de survivre et sera ainsi naturellement élu ». Dans son ouvrage *De la descendance de l'homme*, publié en 1871, Darwin défend aussi l'idée qu'« on devrait faire disparaître toutes les lois et toutes les coutumes qui empêchent les plus capables de réussir et d'élever le plus grand nombre d'enfants ». Le darwinisme social réduira la sélection à l'idée d'élection, c'est-à-dire d'individus choisis.

Mais, pour Darwin, la sélection naturelle n'est pas une sélection sociale, dans la mesure où la reproduction différentielle des organismes ne reproduit pas, de génération en génération, de l'identique. Selon Darwin, la sélection naturelle est à l'origine de la « *descendance avec modifications* », c'est-à-dire de l'intermittence de l'espèce, car celle-ci est en perpétuelle transformation. Ceci est parfaitement contraire au darwinisme social, qui prétend à l'existence de catégories sociales naturellement définies, et conservées à chaque génération par la sélection naturelle. C'est pourquoi Darwin désapprouva la préface de C. Royer en raison de cette conception qui transforme la sélection naturelle en une reproduction de catégories sociales. Dans les années 1890, le sociologue Georges Vacher de Lapouge (1854-1936) prétendit lui aussi retrouver, chez Darwin, l'existence de lois de la nature appliquées à la survie et au développement des sociétés humaines : « Darwin, en formulant le principe de lutte pour l'existence et de la sélection, n'a pas seulement révolutionné la biologie et la philosophie naturelle : il a transformé la science politique. La possession de ce principe a permis de saisir les lois de la vie et de la mort des nations, qui avaient échappé à la spéculation des philosophes » (*Les sélections sociales*, 1895). Ainsi, le concept de sélection naturelle fut détourné au profit d'une anthroposociologie fondée sur la hiérarchie des races et des sociétés. Les idéologies colonialistes et totalitaires n'auront de cesse de puiser dans le darwinisme social pour prétendre à une concurrence, dite naturelle, et imposer le clivage : dominants, dominés.

L'eugénisme, doctrine introduite Francis Galton (1822-1911), a précédé le darwinisme social tout en le nourrissant. Selon Galton, le progrès social ne peut se faire que par une amélioration biologique de l'espèce humaine. Pour défendre son point de vue, Galton s'appuie sur la thèse de la régulation des populations humaines de T.R. Malthus[1] (1766-1834) et sur celle de l'équilibre des populations d'A. Humbolt[2] (1769-1859). En favorisant la reproduction des individus en bonne santé ou intelligents, Galton espère augmenter les chances de faire progresser la société. Ainsi, le darwinisme social, associé à l'eugénisme, propose pour améliorer la qualité biologique des populations humaines, de contrôler la reproduction des individus les « plus aptes » : les plus intelligents, les plus résistants aux maladies, etc.

Initialement, l'eugénisme se veut une méthode pour améliorer les caractéristiques biologiques de l'espèce humaine. Rapidement, il devient une programmatique politique : faire en sorte que ceux qui disposent d'une plus grande valeur adaptative dans la société se reproduisent davantage que ceux qui en sont dépourvus. Actuellement, dans nos sociétés développées, il existe un eugénisme médical quand il s'agit, par exemple, d'interrompre une grossesse après avoir détecté des anomalies génétiques ou chromosomiques chez l'embryon. Mais ce choix n'est pas imposé par le corps médical ou par la loi aux familles. Il est laissé à l'initiative des parents. C'est donc un eugénisme en droit, et non en contrainte. En revanche, quand Alexis Carrel[3] (1873-1944) dans son livre *L'Homme, cet inconnu* (1936) décrète qu'« il faut abandonner l'idée dangereuse de

1. Malthus T.R. (1798). *Essai sur le principe de population.*
2. Humbolt A. (1820). Sur les lois que l'on observe dans la distribution des formes végétales, in *Dictionnaire des sciences naturelles*, Levrault.
3. A. Carrel a obtenu le prix Nobel de médecine, en 1912, pour ses cultures d'embryons.

restreindre les forts aux faibles, et de faire ainsi pulluler les médiocres », il s'agit là d'un eugénisme politique.

Le nazisme est une illustration concrète d'une forme d'eugénisme totalitaire. Pour assurer la pureté de la race aryenne, le nazisme a prétendu à une sélection biologique des individus en inscrivant dans la législation du Troisième Reich l'interdiction des mariages entre « Juifs » et « Allemands », l'obligation de stériliser des individus à handicap héréditaire, etc., et en prônant l'extermination des races dites inférieures. Pour légitimer sa politique eugéniste, la doctrine nazie a recherché un substrat pseudo-scientifique en faisant référence au racisme « scientifique » de Gobineau[1] (1816-1882), au darwinisme social et à l'eugénisme.

Encore aujourd'hui, dans nos sociétés policées, il existe des résurgences de l'eugénisme politique. Par exemple, la création dans les années 1980, aux États-Unis, d'une banque de sperme des prix Nobel[2]. Robert Klark Graham, scientifique et riche homme d'affaires, est à l'origine de ce projet. Il proposa de créer cette banque, dans le but, disait-il, d'enrichir la société en chercheurs, ingénieurs, et autres créatifs. En réalité, le projet fut un échec, faute de participants nobelisés. Néanmoins, Graham a réactivé l'idée que l'intelligence est un patrimoine génétique héréditaire. Qu'il existerait un développement « naturel » des sociétés où la hiérarchie sociale serait dictée par les lois de la nature. Dans ce schéma de pensée, les individus jugés génétiquement performants ont pour obligation sociale de se reproduire entre eux afin d'assurer un développement harmonieux de la société. La proposition de Graham est l'expression d'une volonté de sélectionner les individus pour créer un ordre social. C'est aussi le refus de reconnaître que l'intelligence n'est pas une donnée strictement génétique et héréditaire. Mais qu'elle est le produit d'interactions sociales complexes et du vécu de chacun. Prôner la reproduction des élites, par le recours à la sélection naturelle, sur le modèle du darwinisme social associé à l'eugénisme,

1. Gobineau (1855). *Essai sur l'inégalité des races humaines.*
2. Trois prix Nobel participèrent à l'opération (2 anonymes et le prix Nobel de physique William Shockley). Aucun d'entre eux ne donna naissance à des descendants. Graham choisit alors d'autres donneurs qualifiés de « génies » pour alimenter sa banque. Fermée depuis 1999, la banque a donné naissance à 218 enfants sans aptitudes intellectuelles exceptionnelles.

n'est autre que le refus d'attribuer des causes sociales à la transformation et au fonctionnement des sociétés humaines.

Aujourd'hui le darwinisme social et l'eugénisme sont en perte de vitesse. Mais ces idéologies n'ont pas pour autant disparu. De façon plus discrète, mais néanmoins permanente, elles sont présentes dans nos débats en matière de politiques de solidarité, de protection sociale, d'égalité d'accès aux soins, d'immigration, etc.

La sociobiologie

Depuis les années 1970, deux ouvrages référents sont à l'origine des principes fondateurs de la sociobiologie : celui d'Edward Osborne Wilson[1] : *Sociobiology. The New Synthesis*, et celui de Richard Dawkins[2] : *The Selfish Gene*. Ces auteurs affirment que les comportements humains sont génétiquement déterminés et structurent la vie sociale. La sociobiologie soutient une biologisation des rapports humains, lesquels ne seraient que la conséquence d'une compétition entre nos gènes.

La sociobiologie pose, à juste titre, la question de la genèse des comportements humains et de leur valeur adaptative. Pour autant, cette biologisation des rapports sociaux est-elle justifiée ?

Dans le sillage de l'éthologie[3], la biologie comportementale analyse les modalités de fonctionnement des sociétés animales. Elle montre l'importance des facteurs biologiques et génétiques dans l'organisation des sociétés d'insectes ou de primates. Il en est de même pour les comportements humains, prolongement évolutif de nos caractéristiques de primates. Du point de vue éthologique, chaque espèce n'est pas définie uniquement par ses gènes, mais

1. Wilson E.O. (1975). *Sociobiology : The New Synthesis*, The Belknap Press of Harvard University Press, trad. fr. (1987). *La sociobiologie*, Éd. du Rocher. Wilson est entomologiste et a été professeur à l'Université de Harvard.
2. Dawkins R. (1976). *The Selfish Gene*, Oxford University Press, trad. fr. (1978), *Le gène égoïste*, Menges. Dawkins est un éthologue et professeur à l'Université d'Oxford.
3. Konrad Lorentz (1903-1989), l'un des fondateurs de l'éthologie moderne ou science du comportement animal, a travaillé à la distinction entre l'inné et l'acquis dans les comportements de reproduction, d'agression, etc. *Essais sur le comportement animal et humain : Les leçons de l'évolution de la théorie du comportement*, Le Seuil (1970).

aussi par ses relations sociales. En l'état actuel des connaissances, on ne peut affirmer, contrairement à ce que laisse entendre la sociobiologie, que les comportements, agressif, criminel, altruiste, homosexuel, hétérosexuel, etc., seraient, en fait, le résultat de la sélection naturelle pour favoriser ou limiter la diffusion des gènes aux générations suivantes.

Selon Wilson, l'entraide ou l'altruisme entre les individus auraient pour but de favoriser la diffusion de certains allèles « intéressants » pour l'espèce. Par exemple, nous dit Wilson, l'entraide entre deux frères, comme le partage ou même le don de ressources alimentaires, aurait pour but de favoriser, chez l'un des deux frères, la diffusion à sa descendance d'allèles « intéressants » dont il est porteur pour l'ensemble de la population. De même, les deux frères peuvent aussi devenir solidairement agressifs contre un concurrent pour obtenir une ressource dont l'absence compromettrait la diffusion des gènes dans la descendance Mais, si l'un des deux peut assurer, seul, sa descendance, l'entraide n'a pas raison d'être, car elle n'augmente pas les chances de diffusion des gènes. Chaque comportement social aurait ainsi pour unique objectif de multiplier les chances d'avoir des descendants, pour augmenter la fréquence des allèles des gènes représentant un intérêt biologique pour les populations.

Nos comportements ont, évidemment, des effets dans la diffusion des gènes. Mais nous ne sommes pas le produit exclusif de nos gènes. En voulant objectiver tous les actes sociaux par la sélection de certains allèles, l'histoire des sociétés humaines selon la sociobiologie est alors conçue comme le résultat d'une succession d'événements génétiques. Il s'agit là d'une vision circulaire où la vie s'explique par le gène, dans le gène et pour le gène. L'alpha et l'oméga fusionnent en une entité unificatrice : le gène. Cette conception fait du vécu de chacun une simple modalité comportementale de diffusion de ses gènes. Elle transforme aussi en profondeur notre rapport à la normalité et au pathologique. Par exemple, si l'on s'en tient à une lecture strictement sociobiologique, certains comportements violents dits « antisociaux » devraient être abordés en termes de traitements biologiques et non de remédiations sociales. Ce qui revient à minimiser les causes sociales et à valoriser les causes biologiques en relation avec la diffusion des gènes.

Sans revenir à l'opposition stérile entre le « tout environnemental » et le « tout génétique », il faut néanmoins comprendre qu'il n'y a pas d'un côté les gènes et de l'autre le milieu, mais une interaction entre l'expression des gènes et le milieu. Un gène, comme une unité d'information, est en interaction permanente avec d'autres gènes, et en interaction avec le milieu. Il ne suffit pas qu'il soit présent pour s'exprimer, encore faut-il que l'interaction avec environnement favorise ou non son expression. Quand la sociobiologie explique que nos comportements peuvent favoriser ou non la diffusion de certains gènes dans les populations humaines, elle reste dans un cadre d'une approche évolutionniste. Mais elle en sort, comme l'a montré Patrick Tort[1] (1985), quand elle considère que le contenu culturel de nos comportements (politiques, artistiques, religieux, éthiques, affectifs, etc.) est exclusivement déterminé par la sélection naturelle.

Contrairement à la biologie comportementale, la sociobiologie minimise aussi le rôle de l'éducation dans l'émergence de la protoculture dans les sociétés animales. L'écologie comportementale, science qui s'inscrit dans un cadre évolutionniste de l'éthologie, nous renseigne davantage sur les rapports entre apprentissage et organisation sociale dans les sociétés de primates.

Des chercheurs ont montré, dans les années 1950, que certains macaques japonais, de l'île de Koshima, ont appris à laver des patates douces que les humains leur avaient lancées sur la plage. L'opération de lavage a pour but d'enlever les grains de sable attachés à la patate douce avant de la consommer. Aujourd'hui encore, les descendants de ces macaques lavent régulièrement leurs aliments, sans que l'on sache vraiment pourquoi. Peut-être pour les saler. Quoi qu'il en soit, ils se sont transmis, de génération en génération, cette pratique depuis plus de cinquante ans. On a remarqué aussi que d'autres macaques japonais vivant à proximité des sources d'eaux chaudes se baignent dans ces eaux, ce qui n'est pas une pratique usuelle chez ces singes. Pourtant, ils se transmettent, de génération en génération, la pratique du bain.

La question de la transmission des savoir-faire techniques, chez les primates, est aussi très importante. Par exemple, on connaît des

1. Tort P. (1985). *Misère de la sociobiologie*, PUF.

chimpanzés qui utilisent deux pierres, comme l'équivalent d'une enclume et d'un marteau, en guise d'outils, pour casser des noix, et d'autres qui exploitent des fourmilières à l'aide de brindilles comme d'une brochette pour récupérer les fourmis dont ils se nourrissent. Là aussi, de génération en génération, une « technique-outil » est apprise pour se nourrir.

L'interaction, entre le potentiel génétique pour apprendre un geste nouveau et l'environnement local, relève déjà de l'acte culturel. Que ce soit la pratique du lavage, de la baignade, de la production d'outils, chacune d'entre elles est absente des autres populations de la même espèce. La pratique individuelle de quelques singes est devenue, par la transmission du geste à l'ensemble du groupe, un comportement pour ainsi dire « culturel » partagé par quelques populations et non par l'espèce.

Que dire aussi de Washoe, ce célèbre chimpanzé femelle qui, dans les années 1960, avait appris à communiquer avec les humains par le langage des signes des sourds et muets. Prise en charge par un couple de psychologues américains, les Gardner[1], pour étudier le comportement d'un chimpanzé immergé en milieu humain, Washoe était capable d'élaborer des « phrases » simples correspondant à ses propres demandes (« je veux ceci », « donne-moi cela », etc.). Mais elle a aussi transmis à d'autres chimpanzés des éléments du langage des signes pour communiquer entre eux indépendamment de la présence humaine.

Ces exemples illustrent que l'apprentissage de gestes nouveaux n'a sens que pour le groupe qui les utilise. La communication permet aux organismes d'échanger des informations. Mais le langage, lui, permet de construire un projet collectif au sein du groupe. Ainsi, chez les primates non humains, il semble exister un proto-langage comme le suggèrent les études sur Washoe. Certains primatologues[2] (Goodall 1986, Waal 1996) pensent qu'il existerait chez les singes un projet collectif dont on pourrait percevoir les manifestations par

1. Gardner R. Allen and Gardner Beatrice (1969), « Teaching sign language to a chimpanzee ». *Science* 165 : 664-672. Gardner R. Allen and Gardner Beatrice T. (1980). « Comparative psychology and language acquisition ». In Thomas A. Sebok and Jean-Umiker-Sebok (eds).

2. Goodall J. (1986). *The Chimpanzees of Gombe*, Belknap Press. Waal F. de (1996). *Good Natured*, Harvard University Press.

des signes d'empathie (consolation, protection, aide, etc.) ou la mise en place de nouveaux comportements culturels (lavage, baignade, etc.). Ces signes constitueraient une forme de « proto-langage » et de « proto-culture » par transmission d'un savoir-faire ou d'un savoir-être.

Dans l'espèce humaine, le langage est sous la dépendance anatomique de la formation de l'aire de Broca dans notre cerveau, et de la descente du larynx qui donne plus de place au pharynx pour émettre des sons articulés. Le langage comme produit de l'évolution humaine a donc un support génétique et par conséquent biologique. Mais l'usage du langage est constitutif d'un projet collectif culturel transmis, par l'éducation, au cours des générations, lequel n'est pas nécessairement dicté par la génétique de l'espèce.

Il est un fait que les comportements humains sont d'origine génétique, mais rien ne permet d'affirmer qu'il existe des comportements culturels à finalité génétique. Aussi, le langage humain ne peut être limité à une stratégie de diffusion des gènes dans la population. En considérant tous les comportements humains, comme une production exclusive de la sélection, la sociobiologie exclut la capacité à créer du lien social indépendamment de la sélection naturelle.

Lyssenko : la sélection naturelle, une invention capitaliste

Si le darwinisme social et la sociobiologie s'appuient sur la sélection naturelle pour expliquer les comportements sociaux, le lyssenkisme, lui, s'oppose à l'existence même de la sélection.

Lyssenko (1898-1976) est d'abord le concepteur et le promoteur de la technique de vernalisation du blé, qui a permis de développer l'agriculture en URSS dès 1927. Fort de ce succès, Lyssenko est nommé, en 1935, directeur de l'Institut de génétique d'Odessa, puis en 1940 directeur de l'Académie Lénine des sciences agronomiques. Sous son influence, en 1948, l'Académie annonce que les lois de Mendel et la théorie chromosomique de l'hérédité de Morgan ne seront plus enseignées[1]. À partir de 1950, Lyssenko

1. G. J. Mendel (1822-1884) a mis en évidence des lois de probabilité de la transmission de caractères héréditaires, et T.H. Morgan (1866-1945) a démontré le lien entre chromosome et gène.

impose l'enseignement de la théorie de Mitchourine[1] sur l'hérédité des caractères acquis. Mitchourine (1885-1935) défendait l'influence du milieu sur des hybrides sans jamais l'avoir démontrée. Malgré l'opposition de la communauté scientifique internationale, en URSS y compris, il faudra attendre 1965, avec la chute de Khrouchtchev, pour que Lyssenko perde son soutien politique et quitte ses fonctions scientifiques. Ce n'est qu'après son départ que l'enseignement de la génétique sera réhabilité en URSS.

Tout au long de sa carrière, Lyssenko a défendu l'idée selon laquelle la sélection naturelle est une invention capitaliste pour opprimer le peuple :

> « Serviteurs du capitalisme, ils [savants américains] ont besoin de lutter contre les éléments, contre la nature; ils ont besoin d'une lutte entre deux sortes de blés, appartenant à la même espèce, et cette lutte, ils l'ont inventée. Grâce à la prétendue concurrence intraspécifique, cette "loi éternelle de la nature" qu'ils ont forgée de toutes pièces, ils essayent de justifier la lutte des classes, l'oppression des Noirs par les Blancs. Comment admettraient-ils l'absence d'une concurrence intraspécifique ? » (*Literaturnaya Gazeta,* 1947).

La résistance de Lyssenko au concept de sélection naturelle est à la fois d'ordre politique et épistémologique, car il projette sa philosophie politique sur le fonctionnement de la nature :

> « Comment expliquer pourquoi la biologie bourgeoise attache tellement de prix à la théorie de la concurrence intraspécifique ? C'est qu'il lui faut justifier le fait que, dans la société capitaliste, la grande majorité du peuple vit dans la pauvreté en période de surproduction de biens matériels. L'humanité tout entière appartient à une seule espèce biologique. Il a donc fallu que la science bourgeoise invente une lutte à l'intérieur de l'espèce [...] Dans la nature, il n'y a pas de concurrence au sein de l'espèce. La concurrence n'a lieu qu'entre espèces : le loup mange le lièvre, les lièvres ne se mangent pas entre eux : le lièvre broute l'herbe » (*Literaturnaya Gazeta,* 1947).

Pour Lyssenko, la concurrence vitale et l'hérédité des caractères acquis sont ses seuls repères. Il ne retient du darwinisme que l'idée

---

1. Mitchourine (1855-1935), très attaché à la thèse de l'hérédité des caractères acquis, a rejeté les travaux de Morgan et Weissman attestant de la séparation du soma et du germen. Mitchourine affirmait que l'origine de la transformation des espèces se fait uniquement sous la pression du milieu.

du *struggle for life* ou lutte pour l'existence, comme une transposition de la doctrine capitaliste. Son opposition à la génétique mendélienne et à l'hérédité chromosomique est du même ordre. Sa conviction en un déterminisme du progrès historique et biologique pour les sociétés humaines se refuse à admettre les effets aléatoires des mutations et de la sélection.

Selon Lyssenko, l'évolution existe, mais elle obéit à un déterminisme historique de progrès. Sa position est celle d'un évolutionnisme politique. Il transpose sa conception du développement historique des sociétés humaines à celle de la transformation des espèces. Pour lui, seul l'environnement peut modifier les espèces. Il prétend même avoir transformé le blé en seigle, par transmutation, en faisant varier les facteurs environnementaux. Son refus du concept darwinien de sélection naturelle le conduit à une vision dogmatique de l'adaptation. Tout comme dans le créationnisme, où l'adaptation des organismes à leur environnement est une preuve de l'origine divine du monde, dans le lyssenkisme, elle est la manifestation d'une loi naturelle de progrès permettant la transformation des organismes aux nouvelles conditions du milieu. En un mot, Lyssenko s'oppose au darwinisme, de peur que les effets aléatoires de la sélection naturelle ne garantissent pas, dans l'avenir, le progrès historique auquel il croit.

L'enseignement de l'évolution et la démocratie

Dans le langage commun, sélection naturelle signifie loi implacable de la nature qui ne laisse en vie que les organismes les plus compétitifs. Au point parfois que les épidémies, les guerres et autres malheurs sont interprétés comme l'action de la nature pour revenir à une situation d'équilibre naturel. En effet, notre perception culturelle de la nature est encore très proche de celle d'un monde harmonieux où chaque organisme occupe une place bien déterminée. Les métaphores guerrières de l'espace vital, de la lutte pour la vie nous sont si familières qu'elles en deviennent synonymes de sélection naturelle. Ainsi, la sélection renvoie à une certaine forme de violence pour survivre. Sont alors associés d'autres mots ou expressions représentant davantage des indicateurs sociaux que des descripteurs biologiques : la loi du plus fort ou du mieux adapté, l'élimination des plus faibles, la lutte pour la vie, etc. Il n'y a qu'un pas, un tout petit, que certains franchissent, pour transformer le concept darwinien de sélection naturelle en un agent de sélection sociale.

Or l'enseignement de la biologie s'interdit de franchir ce pas. Non pas, seulement, pour des raisons éthiques mais aussi pour des raisons épistémologiques. La sélection naturelle est un concept matérialiste et mécaniste de l'histoire du vivant. Sa définition scientifique d'une « reproduction différentielle des organismes » ne signifie pas que ne survivent que les organismes les plus puissants. Les mutations se faisant au hasard, certaines sont conservées d'autres pas, en fonction de leur valeur adaptative à un moment donné. Selon la formule de Jacques Monod, la sélection explique comment « *conserver le hasard* » (Monod, 1970). De plus, la sélection n'est pas la seule modalité évolutive. Il existe aussi des fixations aléatoires d'allèles, par dérive génétique, en fonction de la taille de la population. Par conséquent, l'évolution – par la sélection naturelle ou par dérive – n'est pas un processus orienté, mais déterminé par les contraintes adaptatives et par un processus stochastique de fixation des allèles.

L'enseignement de l'évolution ne se limite pas à celui des résultats expérimentaux, des fossiles, etc. Il inclut aussi celui des méthodes scientifiques. Autrement dit, il faut apprendre aux élèves à distinguer le concept biologique de sélection du concept idéologique. Pour cela quelle place accorder au réductionnisme méthodologique ? Le réductionnisme méthodologique est une méthode de travail du scientifique. Il faut, en effet, « réduire » la réalité à quelques paramètres pour l'étudier, et en tirer des lois, des principes universels, etc. Le réductionnisme méthodologique a permis à Darwin et à ses successeurs d'explorer différents niveaux d'action de la sélection : l'espèce, la population, l'individu, la cellule, la molécule et de développer une approche expérimentale de l'évolution. Sa pertinence épistémologique vient du fait que l'explication de la sélection naturelle reste circonscrite à son objet d'étude, l'histoire des espèces.

En revanche, le réductionnisme idéologique vise à transposer la sélection naturelle à l'histoire des sociétés humaines. À réduire la complexité des relations sociales au biologique en oubliant les causes sociologiques. Pour ce faire, le réductionnisme idéologique explique la complexité des sociétés humaines de façon mono-factorielle, par sélection naturelle. Mais le sélectionnisme commet une erreur méthodologique. Tout comme au XIXe siècle, on cherchait à expliquer les relations humaines, sur le modèle des interrelations entre les cellules de l'organisme, l'idéologie sélectionniste cherche à expliquer le fonctionnement des sociétés humaines uniquement par la sélection naturelle. Or, il n'existe pas plus de similitudes entre le fonctionnement des cellules dans l'organisme et celui des individus dans la société qu'il n'existe de similitudes entre la sélection naturelle et l'organisation des sociétés humaines. La confusion des deux domaines, scientifique et sociétal, impose à l'enseignement scientifique de veiller à respecter la séparation des registres : science et politique, et de rappeler aux élèves qu'on ne peut soumettre, au nom de la science, le biologique au politique et vice versa.

Chapitre 3

Les résistances socioculturelles à l'idée d'évolution

On retrouve, à l'École, comme dans la société, une forme de résistance ou d'opposition de la part des élèves à l'idée d'évolution. Depuis plus de quinze ans, des travaux de recherche en didactique de la biologie ont mis en évidence les conceptions des élèves sur l'histoire du vivant[1] (Fortin, 1993, 2000; Dagher & Boujaoude, 1997; Aroua, 2002). Ces recherches apportent des informations, d'une part, pour enrichir les pratiques pédagogiques, et, d'autre part, elles aident à mieux comprendre pourquoi, malgré la qualité des programmes et des pratiques pédagogiques des enseignants, les arguments scientifiques restent parfois inaudibles à certains élèves. Pourquoi et en quoi ces conceptions peuvent-elles faire obstacle à la compréhension de l'évolution ?

Les conceptions des élèves

Certains élèves sans être des *intelligents designers* ont une conception de l'histoire du vivant proche du projet intelligent : « Je pense

1. Fortin C. (1993). *L'Évolution : du mot aux concepts,* thèse de doctorat, université Paris VII. Fortin C. (2000). « Les causes de l'évolution », in *Les formes de causalité dans les sciences de la vie et de la terre*, Documents et travaux de recherche en éducation, n° 41, pp. 81-101, INRP. Aroua S., Coquidé M. et Abbes S. (2002). *L'évolution biologique : conceptions et rapport au savoir d'élèves tunisiens.* Actes des XXIVes J.I.E.S., Des cultures, des techniques, des sciences, Chamonix, mars 2002, pp. 265-268. Dagher Z. R. et Boujaoude S. (1997). « Scientific views and religious beliefs of college students : The case of biological evolution », *Journal of Research in Science Teaching*, vol. 34, n° 5, pp. 429-445.

que le concept d'évolution vise à améliorer la nature et ses habitants, de façon à atteindre le stade ultime où l'esprit dépasserait la matière. Si différentes mutations génétiques se sont faites, c'est parce qu'elles étaient prédestinées à être faites. Elles se sont faites aussi parce qu'elles étaient utiles » (élève de Terminale scientifique, thèse Fortin). En affirmant que les mutations sont « *prédestinées à être faites* » ou que la présence de l'homme était peut-être « *programmée* », l'élève en appelle directement à une cause finale, et pas seulement à un déterminisme biologique. Tout enseignant en sciences de la vie et de la terre a aussi vécu l'intervention d'un élève contestant l'évolution. Par exemple, cet élève en classe de Terminale S qui exprime vivement son opposition : « C'est normal qu'il y ait des structures homologues chez les Vertébrés, car tous les Vertébrés se développent pareil ; ça ne prouve pas qu'ils soient parents. C'est comme le singe et l'Homme, même s'ils ont un développement semblable, avec les mêmes organes, les mêmes membres, etc., c'est tous les deux des Mammifères, alors ils se développent pareil. Ça ne veut pas dire qu'ils ont un ancêtre commun. Le singe, c'est le singe. L'Homme, c'est l'Homme » (enquête 2001, Fortin). Ici, l'argument de l'homologie, c'est-à-dire le fait que les Vertébrés présentent les mêmes organes, en même position anatomique avec la même origine embryonnaire, n'est pas compris par l'élève comme un élément en faveur d'une origine commune entre le « singe » et l'homme, mais davantage comme un argument d'autorité de la part du professeur.

L'objection de notre élève montre qu'il ne fait aucun lien entre l'unité d'organisation des Vertébrés et l'hypothèse d'un ancêtre commun. En effet, s'appuyer sur l'invariance du « plan d'organisation » des Vertébrés pour expliquer la transformation des espèces au cours du temps lui paraît pour le moins paradoxal. Ce faisant, il s'adresse à l'enseignant par une vigoureuse protestation, et manifeste ainsi sa résistance à l'idée d'évolution ; cette résistance n'est pas toujours l'expression d'un créationnisme, mais plutôt celle d'un obstacle interne à la connaissance scientifique. Obstacle au sens de Bachelard, c'est-à-dire une difficulté à renoncer à la connaissance immédiate et commune au profit d'une connaissance conceptuelle. Bachelard rappelle une des contraintes du passage de l'opinion à la science : « Quand il se présente à la culture scientifique, l'esprit n'est jamais jeune. Il est même très vieux, car il a l'âge de ses préjugés. Accéder à la science, c'est spirituellement rajeunir, c'est accepter une mutation brusque qui doit contredire un passé » (*La formation scientifique*, 1938). Ce besoin de ne pas « contredire un passé », de maintenir fermement ce que l'on croit ou pense intimement, de ne pas changer de référentiel culturel, explique pourquoi l'enseignement de l'évolution, quelle que soit la justesse de son argumentation, n'atteint pas toujours le public auquel il s'adresse.

Aussi, les conceptions des élèves sont importantes pour comprendre ce qui pose problème en matière d'évolution. Constructions composites, constituées à la fois des bribes du discours savant, d'influences médiatiques, culturelles, et de croyances, les conceptions sont autant un levier qu'un obstacle quand il s'agit d'expliquer rationnellement l'histoire du vivant. Cinq conceptions majeures peuvent être distinguées : pseudo-évolutionniste, transmutationniste, non évolutionniste, créationniste et concordiste.

La conception pseudo-évolutionniste

Cette conception n'utilise pas, à proprement parler, les concepts de la biologie de l'évolution. L'élève construit son histoire du vivant à partir de la notion d'ancêtre : « l'évolution, c'est le fait que l'homme descende du singe. Que rien n'est né de rien » (1re L). Mais cette transformation n'a pas un caractère déterministe : « C'est sûrement dans le contexte du jeu du hasard que la roue Céleste a permis la naissance des hommes, mais il aurait pu en être autrement, car c'est une chance sur l'infini » (1re ES). Ici, la roue Céleste rappelle les jeux de hasard (roulette du casino, roue du loto, roulette russe, etc.) où, à partir d'un nombre limité de composants, on obtient par combinaison aléatoire un résultat. Cette conception intègre une dimension probabiliste de l'histoire du vivant : « On aurait pu avoir autre chose, comme dans les bouquins de science-fiction, des oiseaux avec des têtes d'hommes, ça aurait pu arriver... ; moi, je dis qu'il ne faut pas minimiser la part du hasard, on aurait pu vivre sous la terre si les conditions à la surface n'étaient pas possibles. Il aurait pu se passer des tas d'autres choses. On aurait pu être autrement, et même peut-être pas du tout » (Term. S).

L'élève « pseudo-évolutionniste » mentionne aussi l'extinction des organismes comme un exemple d'inadaptation au milieu : « Certaines espèces ont migré vers de nouveaux territoires, ou bien se trouvaient sur des plaques qui ont dérivé. Ces espèces ont dû s'adapter à de nouveaux milieux, à de nouveaux climats. Elles sont alors plus ou moins modifiées pour s'adapter le mieux possible, ce qui a permis une grande diversité des différentes catégories animales. Certaines ont alors disparu à cause d'une trop faible capacité; d'autres ont survécu » (1re ES).

Mais l'élève reprend aussi à son compte le scénario évolutionniste enseigné : « il y a 4,5 milliards d'années, il y a d'abord la formation de la Terre, puis est apparue, il y a 3,5 milliards d'années, la première cellule capable de se multiplier. Des êtres sont apparus sous la forme de végétaux dans l'eau. Puis certains sont sortis de l'eau et ont gagné le sol d'où la formation des poumons. Il y a eu un développement de ces animaux qui se sont diversifiés (dinosaures, etc.). Puis apparurent les singes qui avec l'évolution donnèrent les hommes que nous sommes » (Term. S). Cette conception, réceptive à l'approche scientifique de l'évolution, a cependant ses points de blocage, en particulier concernant le statut animal de l'homme. À la question l'homme est-il un animal ? La réponse est souvent ambiguë : « Oui, du point de vue biologique, il est formé comme certains animaux. Non, du point de vue de son intelligence, de sa capacité de réflexion » (Term. S). Cet élève conçoit la pensée indépendamment de tout support biologique. La dichotomie entre le corps et l'esprit est ici un obstacle important, car, selon sa compréhension, l'évolution humaine résulterait d'une volonté interne de se transformer pour s'améliorer, et non de mécanismes biologiques.

La conception transmutationniste

Cette conception se caractérise par une réduction du processus évolutif à une succession de métamorphoses. La nature est conçue comme l'équivalent d'un super-organisme qui se développe, étape par étape, dans un ordre bien précis : « Avant l'Homme, il existait des poissons, des reptiles, et d'autres animaux qui, au fil du temps se sont transformés en Hommes. » « Le singe est passé d'un milieu forestier à la savane, il a dû apprendre à marcher sur ces deux jambes, puis il a progressé en se redressant, puis il a appris à faire du feu, à écrire, à communiquer » (1re ES).

Cette histoire de la vie où « rien ne se crée, rien ne se perd, tout se transforme » met en avant un programme biologique de développement des espèces, excluant l'extinction : « Pour moi, aucun animal n'a réellement disparu, car ceux que je connais ont muté. » « Si l'on considère comme disparue une race qui n'a pas de descendants, je pense qu'il n'y a aucune espèce disparue » (Term. S). Selon l'expression d'un élève, « la nature ne fait pas de gâchis ». Ainsi, même la mutation est programmée pour permettre aux organismes de se transformer en vue de leur continuelle adaptation : « L'homme est apparu naturellement, il est le produit de l'échelle de l'évolution. Je dirais que sa présence était fatale. » « De plus on voit d'après les théories darwinistes que c'est l'intelligence et l'esprit qui ont toujours provoqué les mutations » (Term. S).

Contrairement à la conception pseudo-évolutionniste, toute référence au hasard est ici bannie. La vie est perçue comme le fruit d'une programmation, divine ou interne à la nature. La conception transmutationniste est aussi profondément adaptationniste et vitaliste, dans la mesure où la mutation devient un mécanisme de métamorphose en réponse à une finalité évolutive : s'adapter. La succession chronologique des premiers fossiles de Vertébrés (Poissons, Amphibiens, Reptiles, Oiseaux et Mammifères) est alors interprétée par l'élève comme un processus directionnel ayant pour finalité de produire de l'humain.

La conception non évolutionniste

Cette conception est difficile à détecter, car l'élève est à la fois fixiste et transformiste. Fixiste, au sens où il pense que tous les groupes d'animaux actuels existaient déjà au début de la vie sur Terre. Transformiste, car il envisage aussi que les organismes se sont modifiés et perfectionnés au cours du temps. Néanmoins, il s'agit là d'une conception non évolutionniste, dans la mesure où l'élève n'établit aucun lien de parenté entre les espèces. *A priori*, cette conception semble proche de celle pseudo-évolutionniste : « La vie est apparue sur Terre bien après sa formation. D'abord dans l'eau, sous des formes primitives ; puis avec leur évolution, elle est apparue sur Terre, sous forme d'une espèce qui s'est ensuite transformée et a donné naissance à plusieurs formes de vie » mais ajoute l'élève « chaque forme de vie a évolué en se transformant. Les chevaux étaient petits avant, ils sont grands maintenant, c'est pareil pour les éléphants » (2e). Il n'y a pas une origine commune à tous les êtres vivants. Les espèces sont formées dès l'origine, et chacune se développe indépendamment des autres. L'élève raisonne ici en termes de lignée (lignée des équidés, lignée des proboscidiens) et n'envisage pas de liens de parenté entre les différentes lignées.

Quant à l'extinction, elle est comprise comme une inadaptation des organismes au milieu : « L'évolution, ce sont des transformations, au cours du temps, des êtres vivants du début de la vie pour s'adapter à leur environnement. » [...] « Le monde vivant a évolué avec le progrès, les changements existants. Le monde vivant s'adapte au milieu ou il meurt à tout jamais » (2e). Selon cette conception, la transformation des organismes s'explique par l'action, voire les efforts des organismes à s'adapter, mais sans garantie de succès. L'évolution de la lignée humaine n'échappe pas à ce schéma adaptatif : « L'homme peut disparaître par sa propre folie, par exemple, lors d'une guerre mondiale nucléaire » (2e).

La conception créationniste

La conception créationniste est opposée à l'idée l'évolution. Cependant, elle n'exclut pas les mécanismes biologiques, comme celui de la mutation pour expliquer l'adaptation des organismes. Mais elle en fait un agent du plan divin.

À la question, connaissez-vous l'âge de l'espèce humaine, la réponse est : « Depuis 6 000 ans selon la Bible, parce que les six jours de la création sont symboliques » (classe de 4e). Cette réponse demeure inchangée après enseignement, et l'élève renvoie toujours à son référentiel religieux : « Je suis musulman, quant à l'histoire de la vie, il faut se référer au Coran » (classe de 3e) [...] « Je suis témoin de Jéhovah, et il est dit dans la Bible que Dieu a créé Adam et Ève, il n'y a pas eu d'évolution » (classe de 3e). Certains élèves réinterprètent les données objectives, telle l'extinction des dinosaures, il y a 65 millions d'années ou le début de la lignée humaine vers 6 millions d'années : « À mon avis et selon les Écritures, il est tout à fait possible que l'homme ait côtoyé les dinosaures jusqu'à ce que ceux-ci soient détruits par un grand cataclysme d'eau appelé le déluge, et jamais survenu auparavant » (1re L). Selon cet élève, rien n'est accidentel, et tout ce qui existe a vocation à exister : « Notre présence a certainement un but ou une fonction sur Terre, comme tous les êtres vivants qui s'y trouvent » (1re L).

La place de l'homme dans la nature est aussi dictée par le discours religieux : « Dans la Bible, Dieu a dit à Adam de tenir en soumission les créatures terrestres et autres ; donc l'homme ne peut pas être un animal, comme l'affirme *L'Origine des espèces* de Darwin, mais une créature qui se dissocie par son intelligence, son imagination et sa création. L'animal ne crée pas, il ne peut que se contenter d'agir selon son instinct, selon ses besoins. » « L'évolution n'est pas pour moi une évolution du singe à l'homme ou d'une soupe organique à l'homme ; mais mutation pour les animaux, et progrès dû essentiellement à son intelligence pour l'homme » (Term. S). Ainsi, la conception créationniste est d'abord une conception militante qui s'oppose à la biologie de l'évolution.

La conception concordiste

Cette conception se veut conciliatrice, voire réconciliatrice, entre religion et science. Elle accepte l'idée d'évolution, mais l'élève la replace dans le cadre d'un projet divin. Il fait savoir que sa religion n'est pas en contradiction avec la science car, selon lui, les scientifiques ne font que découvrir l'œuvre de Dieu : « Ceux qui connaissent bien le Coran savent que l'idée d'évolution est déjà dans le Coran » (Term. S) ; « Dieu a créé la vie, et il a aussi créé des modifications pour transformer la nature » (1re ES) ; « Après le Déluge, les espèces se sont transformées comme le montrent les fossiles » (4e). Cette conception sépare le registre scientifique du registre religieux, tout en donnant une interprétation religieuse des connaissances scientifiques.

Les obstacles à la connaissance scientifique

Ces conceptions sont instructives pour le pédagogue, mais aussi pour comprendre pourquoi, dans nos sociétés modernes, l'évolution n'est pas encore totalement ancrée dans notre culture en ce début de

XXIe siècle. Les résistances rencontrées sont diverses : épistémologiques, cognitives, culturelles, religieuses. Par exemple, la prégnance du mythe de la Création comme réalité historique est un obstacle religieux; l'univers créatif de la science-fiction suppose que tout est possible, ce qui constitue un obstacle cognitif; ou bien encore la mutation comprise comme un moyen d'adaptation, sans passer par la sélection naturelle, est un obstacle épistémologique. Parmi les obstacles à l'évolution, nous pouvons retenir aussi le vitalisme, l'environnementalisme, le concurrentialisme et celui de la parenté.

L'obstacle vitaliste

Très présent dans la conception transmutationniste, le vitalisme analyse l'adaptation des organismes comme une réponse immédiate à leurs besoins : « Au cours de l'histoire de la vie, les organismes ont évolué pour s'adapter aux nouvelles conditions du milieu. Par exemple, les animaux marins ont eu besoin de peupler le milieu terrestre, les branchies se sont transformées en poumons et les nageoires en pattes. » [...] « Je pense que le corps possède sa propre intelligence, indépendamment du cerveau. Et c'est cette intelligence du corps qui conduit les animaux à s'adapter à leur milieu et donc à se transformer » (1re L). L'obstacle vitaliste se manifeste aussi dans l'idée d'une évolution par métamorphose. Ainsi, la dimension historique de l'évolution s'efface au profit d'une physiologie. Comparable à la germination de la graine en une plante ou à la métamorphose du têtard en une grenouille (branchies/poumons, nageoires/pattes), l'évolution est alors restreinte à une biologie du développement. Ce vitalisme rejoint souvent une vision finaliste où la finalité de l'histoire du vivant serait de produire de l'humain. Comme si l'histoire biologique devait s'achever avec la venue de l'Homme : « L'homme est le dernier maillon de la chaîne animale, la dernière évolution, la dernière forme » (Term. S). La position terminale de l'Homme dans « l'échelle de l'évolution » ou « dernier maillon de la chaîne animale » le place à la fois « dans » et « hors » du vivant. Dans le monde vivant, comme étape terminale de l'évolution, et, hors de celui-ci, puisqu'il ne dépend plus du processus évolutif. Dans ces conditions, il est difficile d'envisager une extinction de l'espèce humaine : « Puisque nous existons, je pense forcément que la présence de l'homme sur Terre était obligatoire ; rien ne pourrait avoir d'importance si je ne vivais pas, ainsi que les autres. C'est nous qui faisons avancer le monde. » [...] « La présence de l'homme est nécessaire pour la survie de la Terre, car l'homme par sa technique améliore la Terre. » [...] « Même si l'homme est assez fou pour vouloir détruire sa race, c'est tout à fait impossible. » [...] « Au travers de certains livres bibliques, l'on pourrait croire que la présence de l'homme était programmée. D'autre part, l'être humain devait sans doute exister afin que l'évolution de la vie sur la Terre se fasse » (Term. S).

L'obstacle environnementaliste

Cet obstacle caractérise les conceptions « pseudo-transformiste » et « non évolutionniste ». Le milieu est conçu comme un agent mutagène : « Les organismes ont dû s'adapter à plusieurs modes de vie. Les facteurs du milieu (température, nourriture, etc.) ont contribué à une modification génétique »... « Si le milieu extérieur change lentement, il y a transformation. S'il change trop vite, il y a extinction. »...« La mutation de centaines de gènes due au soleil ou à d'autres facteurs a fait muter les espèces qui se sont adaptées pour survivre » (Term. S).

L'obstacle concurrentialiste

Il n'est pas spécifique d'une conception donnée. Il fait référence à « la lutte pour l'existence » comme loi de la nature qui contraint les organismes à s'adapter ou à mourir : « Les crises biologiques provoquent l'extinction de certaines espèces. Les espèces restantes sont obligées de subir des transformations pour se réadapter aux nouvelles conditions qui leur sont imposées »... « Je pense que la vie est dirigée par la loi du plus fort. Lors d'une extinction, les plus faibles meurent et laissent la place aux plus forts qui par la force des choses se transforment, de génération en génération, pour mieux s'adapter » (Term. S).

L'obstacle de la parenté

Dans le langage commun, la parenté évoque d'abord une descendance à partir d'un père et d'une mère. Mais parenté familiale et parenté évolutive sont deux choses distinctes. Elles doivent être distinguées sinon il naît une confusion entre généalogie et parenté évolutive. En effet, la parenté évolutive n'est pas semblable à la représentation dyadique d'un équivalent maternel et paternel. Or certains élèves pensent l'évolution en termes d'hybridation entre les espèces et empruntent des images à la mythologie (ex : du Centaure) ou à la science-fiction (ex : hybridation entre humain et « alien »). Bien qu'il existe, effectivement, des cas où deux espèces donnent une nouvelle espèce, la parenté évolutive ne correspond pas à une généalogie familiale. Elle n'est pas le résultat d'un processus de continuité généalogique mais au contraire de clivage généalogique : clivage par cloisonnement de populations pour donner de nouvelles espèces, tandis que la généalogie familiale résulte, elle, d'une continuité intergénérationnelle intraspécifique.

En résumé, ces différents obstacles montrent que l'élève n'est pas vide de connaissances, mais qu'il est un « sujet-connaissant » avec ses certitudes, sa logique et son vécu. Confronté à l'enseignement de l'évolution, il fait preuve d'esprit critique, d'ouverture en intégrant des données apprises en classe, mais aussi de résistance à l'égard du savoir enseigné en raison de sa conception de l'histoire du vivant.

Aussi, la seule transmission des savoirs ne suffit pas à rectifier, spontanément, les conceptions des élèves. Certes, elle contribue activement à les déstabiliser en donnant des éléments de réflexion, mais elle ne participe pas directement à la levée de ces obstacles. Pas étonnant, dans ces conditions, que certains élèves se positionnent en « croyants » ou « non-croyants » de l'évolution.

L'enseignement ne peut ignorer les conceptions des élèves, mais il ne doit pas les condamner, au motif qu'elles ne sont pas scientifiques. Le travail pédagogique consiste alors à séparer ce qui relève de la conviction de ce qui relève de la connaissance scientifique. Nous proposons dans le tableau ci-dessous quelques objectifs d'enseignements pour aider l'élève à se distancier de sa conception initiale.

Résistances socioculturelles	Objectifs d'enseignement
• Le mythe de la Création est vrai • L'évolution est une croyance • L'homme n'est pas un animal, il ne peut pas subir d'extinction • L'histoire du vivant dépend d'une force interne de transformation	• Rationaliser l'histoire du vivant • Séparer le registre religieux du registre scientifique : distinguer entre le fait historique (ex. : premières cellules) et le récit mythique (ex. : Genèse)
• L'obstacle vitaliste : – « volonté » des organismes de s'adapter au milieu – les organismes s'adaptent par habitude – les organismes s'adaptent parce que le milieu les modèle • Il n'y a pas d'ancêtre commun à l'homme et au Singe • L'histoire du vivant s'arrête avec la venue de l'Homme	• Les extinctions montrent les limites de l'adaptation • Dépasser la vision anthropocentrique : l'homme n'est pas au centre de la nature ou le produit final de l'évolution
• Il n'existe pas de faits d'évolution • Confusion entre causalité historique et causalité fonctionnelle ex. : la métamorphose est une causalité fonctionnelle, et non une cause de l'évolution	• Distinguer entre faits bruts et faits scientifiques Va-et-vient entre le théorique (mécanismes explicatifs de l'évolution) et les données factuelles • Nécessité d'une théorie pour expliquer l'histoire du vivant : les mécanismes biologiques de l'évolution • Recherche des causes historiques de l'évolution : interaction entre des événements fortuits (impact météoritique, volcanisme, etc.) et les mécanismes biologiques de l'évolution

DEUXIÈME PARTIE

Du débat scientifique à l'enseignement

Chapitre 4

Où en est la recherche depuis Darwin ?

Nous n'avons pas l'intention ni la prétention ici de faire un panorama des étapes de la recherche en biologie de l'évolution depuis Darwin, mais seulement d'évoquer quelques points significatifs des avancées de la recherche. En intitulant son ouvrage, *L'Origine des espèces*, Darwin indique d'emblée, au lecteur, ce qui est au cœur de sa réflexion : la question de l'origine. Il ose questionner scientifiquement l'origine des espèces, mais aussi l'origine de l'homme et de la vie. Il investit un domaine jusqu'alors réservé au religieux. Pour mieux comprendre ce que l'on appelle communément la révolution darwinienne, il faut en revenir à ce passage décisif du récit descriptif des naturalistes à l'explication lamarckienne puis darwinienne de l'histoire du vivant.

L'histoire du vivant : du récit à l'explication

La question de l'origine de la vie est indissociable de celle de l'histoire du vivant et des méthodes pour « remonter » le temps. Déjà, au XVIIIe siècle, déterminer l'âge de la Terre était un objectif scientifique. Dans son ouvrage *Les Époques de la Nature* (1778) Buffon divise l'histoire de la Terre en sept époques où seraient successivement apparues différentes espèces. Il date la 7e époque, par la création d'Adam et Ève, vers 6 000 ans. Mais Buffon va plus loin. Il suggère d'éventuelles transformations des espèces et envisage aussi la disparition définitive de certaines. Le mathématicien Maupertuis (1698-1759) et le naturaliste Bonnet (1720-1793) vont à leur tour énoncer une possible transformation des organismes, au cours des temps géologiques, sans pour autant adopter une conception « évolutionniste ». Jusqu'à la fin du XIXe siècle, l'idée d'une généalogie entre les espèces aura du mal à s'imposer, en raison de la prégnance du fixisme. Ce n'est véritablement qu'à partir de Lamarck que la conception du temps et celle de l'histoire seront radicalement modifiées. D'un temps chronologique, producteur de la succession des espèces, le transformisme lamarckien introduit un temps historique, producteur de la transformation des espèces.

La fixité des espèces et la circularité du temps chez Cuvier

Là où Buffon découpait le temps en « époques », Cuvier propose des ruptures, les « révolutions ». Selon Cuvier, la succession des révolutions explique le renouvellement et l'extinction des faunes et des flores au cours des temps géologiques. À défaut d'une transformation des espèces, Cuvier décrit une histoire de la succession des espèces en relation avec de grandes catastrophes naturelles. Dans son ouvrage *Discours sur les révolutions à la surface du globe* (1825), il défend l'idée de l'immutabilité des espèces et celle d'un monde disparu. C'est à partir de 1812 qu'il publie *Recherches sur les ossements fossiles* où il explicite que des animaux ont disparu lors de grands cataclysmes, tandis que d'autres ont survécu, comme en attestent les fossiles retrouvés dans les couches géologiques d'âges différents. Ces fossiles sont la preuve matérielle d'un monde disparu :

> « S'il y a quelque chose de constaté en géologie, c'est que la surface de notre globe a été victime d'une grande et subite révolution [...]; que c'est depuis cette révolution que le petit nombre des individus épargnés par elle se sont répandus et propagés sur les terrains nouvellement mis à sec, et par conséquent que c'est depuis cette époque seulement que nos sociétés ont repris une marche progressive, qu'elles ont formé des établissements, élevé des monuments, recueilli des faits naturels, et combiné des systèmes scientifiques » (Discours préliminaire, *Recherches sur les ossements fossiles*, 1812).

Cet extrait fait écho au mythe du Déluge, et à l'émergence d'une humanité régénérée par un temps théologique où le cataclysme par la violence de sa destruction anéantit l'ancien monde pour en générer un nouveau. Cuvier cherche ici à concilier l'explication de la diversité des fossiles avec les Écritures. Ces révolutions successives instaurent un nouveau monde, et restituent le temps primordial d'un nouveau départ. Le catastrophisme de Cuvier ouvre la voie à un temps chronologique, à ruptures cycliques. Chaque révolution marque la fin d'un cycle et la naissance d'un nouveau. Cette circularité du temps produit une vision anhistorique du vivant puisque la survie de certaines espèces ne s'accompagne pas de la formation de nouvelles.

La publication de la *Philosophie zoologique* (1809) de Lamarck bouleverse les certitudes fixistes en énonçant une possible généalogie des espèces. Pour cela, Lamarck prête au milieu une action sur les organismes, et remet en cause le caractère définitif de l'adaptation. Il suppose que l'environnement agit sur les organismes en les modelant pour favoriser l'adaptation.

Là où le fixisme conçoit une adaptation *sui generis*, le lamarckisme introduit une adaptation relative des organismes au milieu. Contrairement au fixisme, pour lequel il importait de minimiser le facteur temps, avec le transformisme il va falloir le gérer, vaille que vaille.

Tout comme Lamarck, Darwin pense que les espèces sont généalogiquement liées, mais il ne partage pas son optimisme quant à l'adaptation. Si les organismes ne sont pas adaptés au milieu, ce n'est pas pour autant, qu'avec le temps, ils s'adapteront. Pour Darwin, ou bien la sélection permet l'adaptation, ou bien il n'y a pas adaptation, mais extinction. Avec le lamarckisme, le temps était un facteur de changement, et l'histoire du vivant une succession généalogique sans interruption. Avec le darwinisme, la sélection naturelle devient l'agent du changement. L'histoire du vivant est désormais comprise comme un processus déterministe, non finalisé, avec formation et extinction des espèces. Faire jouer la reproduction de variations individuelles au fil du temps, c'est faire du temps un acteur de la transformation des espèces. Les espèces naissent, déclinent et disparaissent, car leur valeur adaptative globale varie au cours du temps. Darwin explique la transformation des espèces par l'action de la sélection naturelle. L'accumulation des variations sélectionnées, sur plusieurs millions d'années, conduit, à terme, à la formation de nouvelles espèces.

L'évolution n'est pas qu'une chronologie, voire une nécrologie des espèces. Elle est le produit de l'histoire du vivant et par conséquent du temps. Non pas le temps du quotidien, à la fois linéaire et cyclique. Linéaire, avec le temps calendaire, et cyclique, avec la fête du nouvel an ou l'alternance des saisons qui nous est si perceptible. Ces conceptions du temps font obstacle à notre compréhension de l'histoire du vivant.

En histoire, le temps n'est ni un sablier, ni un éternel recommencement. Si la chronologie de la paléontologie est une avancée qui aide à repérer la succession des événements biologiques : naissance et extinction des espèces, et à déterminer la durée de vie des espèces, elle ne dit rien des causes de leur naissance et de leur extinction. Mais l'histoire du vivant est non reproductible et irréversible, seuls les mécanismes biologiques de l'évolution (mutation, sélection, dérive, etc.) sont en mesure d'expliquer, rationnellement et rétrospectivement, l'origine et la diversification des espèces au cours du temps géologique.

Désormais, la question de l'origine de la vie, des espèces et de l'homme n'est plus inaccessible à la connaissance. Avec l'explication de la sélection naturelle, Darwin transforme la chronologie de l'histoire du vivant en un scénario de la diversification des espèces, au cours des temps géologiques à partir d'un ancêtre commun.

L'actuelle biologie de l'évolution a conservé de l'héritage darwinien le mécanisme de la sélection naturelle. Mais elle a depuis proposé de nouvelles approches théoriques : le néo-darwinisme, le neutralisme, etc. Ainsi, depuis Darwin, l'évolution est devenue un concept unificateur des différentes disciplines aussi diverses que la physiologie, la génétique, la biologie moléculaire, l'immunologie, la paléontologie, etc.

La question des origines

L'origine de la vie sur Terre

Dans une lettre adressée à son ami le botaniste Sir J.D. Hooker (1817-1911), Darwin s'interroge sur l'émergence de la vie :

> « On dit souvent que les conditions nécessaires à l'apparition des premiers organismes vivants sont réunies à présent et qu'elles l'ont toujours été. Mais si (et quel grand si) on peut imaginer que dans quelques mares chaudes contenant toutes sortes de sels ammoniacaux et phosphoriques, en présence de chaleur, de lumière et d'électricité etc. Il ait pu se former chimiquement un composé protéique capable de subir des modifications complexes, un tel composé serait de nos jours dévoré ou absorbé, ce qui n'a pu être le cas avant la formation des êtres vivants » (1871).

Cette question de l'origine de la vie sera débattue, à la fin du XIXe siècle, au cours de la controverse entre Pasteur (1822-1895) et Pouchet (1800-1872) à propos de l'existence de la génération spontanée. Pouchet défend l'idée d'une possible production de micro-organismes à partir de la matière inerte, tandis que Pasteur s'y oppose. Les travaux expérimentaux de Pasteur démontreront que la génération spontanée n'existe pas. Cependant, la question reste ouverte : comment la vie sur Terre est-elle apparue?

Par panspermie, pense-t-on en cette fin du XIXe siècle, c'est-à-dire par ensemencement de germes venus de l'espace. En 1910, Becquerel teste l'hypothèse. Il expérimente sur des semences l'effet des irradiations pour simuler les radiations cosmiques. Les graines sont tuées sous l'effet des radiations. Mais le débat n'est pas clos. En 1956, la découverte de bactéries résistantes aux radiations *(Deinococcus radiodurans)* relance la discussion, et dans les années 1970, l'idée d'une origine spatiale de la vie est réactualisée par différents chercheurs comme F. Crick (1916-2004) et L. Orgel (1927-2007).

La recherche expérimentale sur l'origine de la vie commence réellement, en 1924, avec A.I. Oparine (1894-1980). Ce chimiste propose de rechercher les conditions nécessaires à l'émergence de la vie : présence d'eau, molécules minérales, température élevée, etc. En 1929, J.B.S. Haldane (1892-1964) complète la proposition d'Oparine par une source d'énergie : les ultraviolets. En 1953, S. Miller (1930-2007), dans son laboratoire, reconstitue une atmosphère réductrice. Il obtient une « soupe prébiotique » avec des acides aminés, éléments constitutifs des protéines. La même année, la structure de l'ADN (acide désoxyribonucléique) est découverte par F. Crick (1916-2004) et J. Watson (1928-). Tous deux reçoivent en 1962 le prix Nobel pour avoir démontré que l'ADN est le support de l'information génétique. En 1963, les travaux de S.W. Fox (1912-1998) montrent qu'une combinaison d'acides aminés au contact de l'eau produit des microsphères. Ces structures circulaires sont assez proches d'une membrane séparant une zone intérieure de l'extérieur. Pour autant, ce ne sont pas l'équivalent de protocellules car la microsphère ne contient pas de matériel génétique.

Une question se pose alors, la présence de gènes suffit-t-elle à produire du vivant ? Si les gènes sont nécessaires à la production de molécules organiques comme les protéines, la fonctionnalité de ces molécules caractérise-t-elle un organisme vivant ? Par exemple, un virus est-il un être vivant ? Il possède un matériel génétique, mais n'est pas autonome pour se reproduire. Pour cela il doit infecter une cellule. Ainsi, lors de l'infection, les gènes viraux sont intégrés au génome de la cellule. Même si le virus se révèle d'une grande complexité fonctionnelle par son « parasitisme » cellulaire, il reste, cependant, à la frontière du vivant, faute de pouvoir s'auto-reproduire comme le font les cellules.

Aujourd'hui, la biologie de l'évolution s'interroge sur l'origine des cellules et sur le dernier ancêtre commun aux cellules : LUCA (acronyme de *Last Universal Common Ancestor*). La vie cellulaire existe sur Terre depuis plus de trois milliards d'années, mais la question est de savoir si l'ancêtre des lignées cellulaires actuelles était une cellule primitive avec ou sans noyau, et si son matériel génétique était de l'ADN ou de l'ARN (acide ribonucléique). La découverte, dans les années 1970, par C.R. Woese (1928-), de nouvelles cellules appelées archées a permis de distinguer trois groupes de cellules : les bactéries, les archées et les eucaryotes.

Les bactéries et les archées sont des cellules procaryotes (sans noyau). Leur matériel génétique reste dans le cytoplasme, tandis que, dans les cellules eucaryotes, il est contenu dans le noyau. Les archées occupent tous les milieux, mais elles vivent aussi dans des conditions extrêmes auxquelles les bactéries ne résistent pas. À partir des années 1990, les microbiologistes ont proposé d'enraciner LUCA comme à l'origine de trois grands groupes : les archées, les bactéries et les eucaryotes. LUCA intéresse aussi les exobiologistes qui recherchent les conditions nécessaires à la formation et au développement de la vie sur d'autres planètes.

Autre aspect du problème de l'origine de la vie : la complexité des organismes est-elle en relation avec le nombre de gènes ? Depuis 2001, grâce au séquençage du génome humain, nous savons que le nombre de gènes humains est de l'ordre de 30 000, finalement, assez proche d'autres d'organismes comme la mouche drosophile ou un ver nématode. Ce n'est donc pas la quantité de gènes qui est à l'origine de la complexité du vivant, mais plutôt l'interaction entre les gènes qui produit des niveaux de complexité.

En somme, notre compréhension actuelle de l'origine de la vie est à la fois d'ordre structural et dynamique. Structural, avec la chimie de molécules informatives comme l'ADN et l'ARN ou fonctionnelles comme les protéines. Dynamique, par l'interaction entre les gènes. Ainsi, les gènes ne sont pas des unités d'informations indépendantes les unes des autres, mais elles interagissent entre elles.

Dans le schéma évolutif, une mutation génétique peut alors s'accompagner d'un changement d'information et produire un changement au niveau de l'organisme. Selon les circonstances, cette modification peut être soit sélectivement néfaste pour l'organisme, soit sélectivement avantageuse, soit sans conséquence pour sa survie.

La question des origines de la vie sur Terre n'est donc pas tranchée. Mais elle est un sujet de pointe de la recherche qui anime de nombreuses équipes scientifiques dans le monde, pour trouver une explication matérielle et rationnelle.

L'origine des espèces

Ce thème central de la problématique darwinienne n'a de sens que si l'on peut caractériser une espèce. Ce qui n'est pas si facile. Distinguer, par exemple, un chien d'un chat, et considérer qu'ils appartiennent à deux catégories différentes semble, *a priori*, évident.

En effet, les catégories « chien » et « chat » se différencient par des caractéristiques physiques et morphologiques. Malgré la grande diversité de chiens ou de chats domestiques, chacun appartient à une forme caractéristique. C'est donc, au nom de la ressemblance entre tous les chiens, ou entre tous les chats, qu'on qualifie en langage vernaculaire chacune des deux catégories : d'espèce « chien » ou d'espèce « chat ». À partir du XVIIIe siècle, cette conception de l'espèce héritée de l'*eidos* platonicien est reconsidérée. Puisque les chiens donnent toujours naissance à des chiens, ou les chats à des chats, l'interfécondité devient un critère de reconnaissance de l'espèce. La possibilité pour des organismes, mêmes très dissemblables, d'avoir des descendants fertiles permet ainsi de définir l'espèce comme unité biologique, et d'en préciser les limites.

Par exemple, le croisement entre le cheval et l'âne donne le mulet, mais ce dernier est stérile. Même si tous deux partagent une « compatibilité » biologique, la stérilité du mulet marque la rupture entre les deux espèces. Ainsi, le cheval et l'âne appartiennent à deux espèces différentes. Cependant, l'interfécondité ne dit rien de l'origine des espèces.

C'est par un détour, à propos de l'adaptation, que fut posée la question de l'origine des espèces. Les organismes sont-ils, définitivement ou non, adaptés à leur environnement ? De cette question est née la controverse entre les partisans de la fixité et ceux de la transformation des espèces. Lamarck (1744-1829) avait proposé, dans sa *Philosophie zoologique* (1809), l'idée d'une transformation des espèces avec le temps sous la pression de l'environnement. Darwin proposa son explication de « la descendance avec modifications par la sélection naturelle » pour combiner origine des espèces et adaptation au milieu. L'explication darwinienne reste, dans ses grandes lignes, toujours d'actualité. Cinq points fondamentaux caractérisent la réponse darwinienne à l'adaptation.

– *La reproduction* : il naît plus de descendants qu'il n'en survit. Le potentiel reproductif des parents est donc supérieur au nombre réel de descendants qui meurent par prédation, manque de nourriture, etc.

– *La variation* : au sein d'une même population, tous les individus sont semblables, mais pas identiques. Ils présentent des variations. On dirait aujourd'hui des mutations. Ces variations sont transmises aux descendants, et de nouvelles variations peuvent aussi apparaître au cours des générations dans les populations.

– *La sélection naturelle* : les populations vivent dans un milieu où les ressources sont limitées. Pour exploiter ces ressources, certaines variations présentent un avantage adaptatif. Les individus qui les possèdent ont davantage de descendants que ceux qui ne les possèdent pas. Il existe donc une reproduction différentielle au sein des populations, appelée sélection naturelle.

Dans *L'Origine des espèces* (1859), Darwin donne une définition de la sélection naturelle :

> « Comme il naît beaucoup plus d'individus de chaque espèce qu'il n'en peut survivre; comme, en conséquence, la lutte pour l'existence se renouvelle à chaque instant, il s'ensuit que tout être, qui varie quelque peu que ce soit de façon qui lui est profitable, a une plus grande chance de survivre; cet être est ainsi l'objet d'une sélection naturelle. En vertu du principe si puissant de l'hérédité, toute variété objet de la sélection tendra à propager sa nouvelle forme modifiée. »

– *La divergence* : progressivement, sous l'action de la sélection naturelle, les populations se modifient. L'accumulation, au fil du temps, de variations héréditaires sélectionnées est à l'origine de la différenciation des populations. À terme, il se produit un isolement reproductif – entre la population-souche et les populations modifiées – donnant naissance à des espèces différentes.

– *L'extinction* : en cas de modification du milieu, les populations ne possèdent pas nécessairement les moyens (ou les variations) pour exploiter les nouvelles ressources de l'environnement : c'est l'extinction.

En conséquence, la sélection naturelle est à l'origine de l'adaptation et de l'extinction. L'évolution apparaît alors comme une transformation des espèces, par diversification, à partir d'un ancêtre commun. Aussi, la définition axiomatique de l'espèce prend-elle une nouvelle dimension dans la perspective évolutionniste.

Les changements de définition de l'espèce, depuis le XVIIIe siècle, sont à mettre en relation avec les conceptions de l'adaptation. C'est pourquoi, du XVIIIe au XXe siècle, les scientifiques de Cuvier à Eldredge ont profondément remanié la définition de l'espèce au cours des deux derniers siècles.

Ainsi, Cuvier (1769-1832) demande aux partisans du transformisme lamarckien des preuves matérielles de la transformation des espèces qu'il n'observe pas dans la nature actuelle ou fossile :

> « Pourquoi les races actuelles, me dira-t-on, ne seraient-elles pas des modifications des races anciennes que l'on trouve parmi les fossiles, modifications qui auraient été produites par les circonstances locales et le changement de climat, et portées à cette extrême différence par la longue succession des années ? Cette objection doit surtout paraître forte à ceux qui croient à la possibilité indéfinie de l'altération des formes dans les corps organisés, et qui pensent qu'avec des siècles et des habitudes toutes les espèces pourraient se changer les unes dans les autres, ou résulter d'une seule d'entre elles. Cependant on peut leur répondre, dans leur propre système, que si les espèces ont changé par degré, on devrait trouver des traces de ces modifications graduelles; qu'entre le paléothérium et les espèces d'aujourd'hui l'on devrait découvrir quelques formes intermédiaires, et que jusqu'à présent cela n'est pas arrivé [...]. L'espèce est une collection de tous les corps organisés nés les uns des autres ou de parents communs et de ceux qui leur ressemblent autant qu'ils se ressemblent entre eux » (*Discours sur les révolutions de la surface du globe*, 1825).

Lamarck insiste sur le caractère provisoire de la stabilité de l'espèce, puisque, selon lui, le milieu modifie les organismes et par conséquent les espèces :

> « L'idée que l'on s'était formée de l'espèce parmi les corps vivants était assez simple, facile à saisir, et semblait confirmée par la constance de la forme semblable des individus que la reproduction ou la génération perpétuait : telles se trouvent encore pour nous un très grand nombre de ces espèces prétendues que nous voyons tous les jours [...]. Ainsi, parmi les corps vivants, la nature, comme je l'ai déjà dit, ne nous offre, d'une manière absolue, que des individus qui se succèdent les uns aux autres par la génération, et qui proviennent les uns des autres; mais les espèces, parmi eux, n'ont qu'une constance relative, et ne sont invariables que temporairement [...]. Quantité de faits nous apprennent qu'à mesure que les individus d'une de nos espèces changent de situation, de climat, de manière d'être ou d'habitude, ils en reçoivent des influences qui changent peu à peu la consistance et les proportions de leurs parties, leur forme, leurs facultés, leur organisation même [...]. Qu'il n'est pas vrai que les espèces soient aussi anciennes que la

nature, et qu'elles aient toutes existé aussi anciennement les unes que les autres ; mais qu'il l'est qu'elles sont formées successivement, qu'elles n'ont qu'une constance relative, et qu'elles ne sont invariables que temporairement » (*Philosophie zoologique*, 1809).

Darwin explique la spéciation, ou formation de nouvelles espèces, par la sélection naturelle et prévoit la découverte de formes intermédiaires attestant de la transformation d'une espèce en une autre :

« Ce sont les espèces les plus florissantes ou dominantes de chaque genre qui présentent les plus fortes moyennes de variétés, lesquelles tendent à se convertir en espèces nouvelles et distinctes. Les genres déjà grands tendent ainsi toujours plus à s'accroître, et dans toute la nature les formes vivantes qui sont actuellement dominantes tendent à le devenir toujours davantage, parce qu'elles laissent un plus grand nombre de descendants modifiés et dominants » (*L'Origine des espèces*, 1859).

Mayr (1924-2005) met l'accent sur l'importance de l'isolement reproductif des populations. L'unité d'évolution n'est pas le gène ou l'individu, mais la population :

« groupes de populations naturelles actuellement ou potentiellement interfécondes et isolées du point de vue reproductif de tous les autres groupes » (*Populations, espèces et évolution*, 1974).

À la définition de Mayr, Chaline (1937-) y ajoute un continuum temporel qui assure le lien entre les espèces :

« L'espèce correspond à un continuum spatio-temporel entre les populations naturelles qui, à chaque instant de ce continuum, sont interfécondes entre elles et isolées au point de vue reproductif de tout autre groupe analogue » (Chaline & Thaler, « Le problème de l'espèce dans le monde animal », *Soc. Zool.* 1977).

Enfin, Eldregde (1943-) envisage une autre modalité que la seule sélection intraspécifique. Il propose une sélection entre les espèces naissantes pour expliquer la spéciation « brutale » ou soudaine :

« La conception de l'espèce comme entité individuelle s'est imposée à S.J. Gould et à moi-même lorsque nous avons développé, dès le début des années 1970, la notion d'évolution par équilibres ponctués. Cette notion est basée sur l'observation simple, connue depuis longtemps par les paléontologistes, que chaque espèce nouvelle apparaît brusquement dans les séries fossiles, puis persiste inchangée sur de longues périodes (5 à 10 millions d'années ou même davantage). Puis une autre espèce donnée est brusquement, sans transition, remplacée par une autre espèce » (« La macro-évolution », *La Recherche*, n° 133 1982).

Ces différentes définitions, malgré un vocabulaire daté ou très spécialisé, témoignent de la vivacité des échanges conceptuels pour rendre compte des données factuelles. En cherchant, à partir des observations de terrain à formuler le concept d'espèce, celui-ci apparaît comme lié à la réorganisation de la problématique des causes de l'adaptation et de l'extinction des espèces.

Ainsi, l'affirmation de Lamarck « qu'il n'est pas vrai que les espèces soient aussi anciennes que la nature » est une contestation du caractère définitif des adaptations. Cette proposition lamarckienne a ébranlé la croyance en un ordre naturel préétabli. Elle a rompu aussi avec une vision discontinue de l'histoire du vivant, et substitué à la succession des espèces, l'idée de transformation. La définition de l'espèce s'en trouve définitivement modifiée. D'une espèce statique, comme la concevait Cuvier, on passe, avec Lamarck, à une dynamique des espèces en perpétuelle transformation. Mais, avant de pouvoir penser la transformation de l'espèce, encore faut-il la circonscrire dans le temps. On doit au fixisme de Cuvier d'avoir conçu la stabilité temporelle de l'espèce, et au transformisme lamarckien d'avoir compris qu'elle n'était qu'un état provisoire dans un processus de diversification.

Darwin, tout comme Lamarck, reconnaît l'influence du milieu pour modifier les organismes, mais il n'explique pas la diversité des espèces par cette unique cause. Il en appelle aussi et surtout à la sélection naturelle pour expliquer l'interaction entre le milieu et les organismes. Mayr reprend la conception darwinienne en spécifiant la nécessité d'un processus d'isolement reproductif et Chaline souligne le lien temporel qui unit les espèces. Quant à Eldredge, il applique la sélection naturelle, non plus seulement au niveau des organismes d'une même espèce, mais entre les espèces existantes.

L'origine de l'homme

Après l'origine de la vie, puis celle des espèces, l'origine de l'homme est un sujet sensible. La célèbre formule, à l'emporte-pièce, attribuée à Haeckel (1834-1919) « *l'homme descend du singe* » est encore aujourd'hui perçue dans l'opinion comme l'étendard de la théorie l'évolution. En réalité, l'homme ne descend pas du singe, mais il partage avec d'autres singes un ancêtre commun.

Le retentissement médiatique des découvertes récentes de fossiles « humains » montre l'intérêt du public sur la question des origines de l'homme. Ces nouvelles découvertes sont souvent présentées dans les médias comme une remise en cause radicale de ce que l'on croyait savoir sur l'évolution humaine. Au point que l'opinion déstabilisée, par les controverses scientifiques, va parfois jusqu'à douter qu'il y ait évolution. Mais, avant d'obtenir le consensus, la communauté scientifique débat de façon contradictoire. De nombreux échanges et confrontations conduisent tantôt à des confirmations, ou à des réorganisations et si nécessaire à des ruptures avec les savoirs antérieurs.

Deux exemples de « débat scientifique » illustrent le rôle de la controverse scientifique dans la construction du savoir :

- la controverse autour de la « fausse » découverte du crâne de Piltdown,
- la polémique autour de la découverte des ossements fossiles de Toumaï : est-il un pré-humain ?

Controverse autour du « crâne » de Piltdown

Découvert, en Angleterre en 1912, par Charles Dawson, le crâne fossile de l'homme de Piltdown a agité la communauté scientifique pendant près de quarante ans. Ce crâne était, en réalité, le résultat d'une fraude – dont on ignore encore aujourd'hui le ou les auteur(s) – avec montage entre une boîte crânienne d'homme moderne et une mâchoire de singe avec des dents humaines. Le crâne de Piltdown fut suffisamment crédible, aux yeux mêmes des spécialistes, qu'il fit l'objet de nombreuses publications, dans lesquelles était discutée l'importance de la boîte crânienne. Elle semblait, en effet, indiquer que le développement cérébral aurait été antérieur à la bipédie, alors que la plupart des anthropologues pensaient que la bipédie avait précédé le développement cérébral.

En 1953, quand la supercherie fut découverte, le débat aurait dû s'arrêter là. Or, ce ne fut pas le cas. Pourquoi ?

Le crâne de Piltdown n'était que la matérialisation d'une question cruciale pour les paléontologues, celle de l'origine de l'homme. Autre problème, le lien entre les Néandertaliens et les Cro-Magnons. S'agit-il de deux branches séparées ou bien existe-t-il une continuité ?

La disparition du faux crâne de Piltdown des archives fossiles n'a pas fait disparaître cette question du lien entre les deux hominines, au point qu'elle persiste encore dans les manuels scolaires et les programmes.

Ainsi, dans les manuels, issus du programme de 2001, de la classe de Terminale S, les Néandertaliens sont désignés par le genre *Homo* et l'espèce *neanderthalensis,* tandis que dans les manuels du programme de 1994, ils sont désignés par *Homo sapiens neanderthalensis*, c'est-à-dire comme une sous-espèce de la nôtre (*Homo sapiens sapiens*). Nous ne discuterons pas ici de la position des Néandertaliens comme espèce distincte ou sous-espèce de l'homme moderne, mais retenons seulement l'intérêt éducatif de ce changement, en termes de construction du savoir scientifique[1].

En 1857 sont découvertes, dans la vallée de Neander, près de Dusseldorf, des premières traces fossiles de l'Homme de Neandertal. C'est en 1863 que William King (1809-1866) le nomme *Homo neanderthalensis*, puis en 1938, Otto Kleinschmidt le désigne par *Homo sapiens neanderthalensis* en raison de caractéristiques communes avec les *sapiens* (traces culturelles, inhumations, et développement du volume cérébral).

Dans les années 1970-1980, l'Homme de Neandertal est qualifié d'*Homo presapiens neanderthalensis* comme une forme de transition entre *Homo erectus* et les *sapiens*. Dans les années 1990, après des découvertes sur la structure pubienne des Néandertaliens, il est à nouveau désigné comme *Homo neanderthalensis*.

Ce va-et-vient « avec » ou « sans » *sapiens* s'explique par l'articulation entre les données paléontologiques et l'établissement d'une

1. Claudine Cohen (2007), *Un néandertalien dans le métro*, Seuil.

parenté. L'actuel abandon de *sapiens* pour les Néandertaliens n'est pas un reniement des travaux antérieurs, mais la poursuite d'une interrogation sur les liens de parenté de l'Homme de Neandertal comparées à l'Homme moderne. Derrière la fraude du crâne de Piltdown, il apparaît qu'un fossile n'est pas, en soi, un résultat scientifique, mais un objet d'interrogation, et que l'activité scientifique est une activité sociale avec ses tensions, où l'exigence d'intelligibilité prime, malgré tout, sur la falsification des données.

Controverse autour du crâne de Toumaï

Tout comme la controverse autour de l'homme de Piltdown, celle de Toumaï fait partie intégrante de la construction des connaissances scientifiques. Ainsi, la découverte en 2001, dans le désert tchadien, par l'équipe du professeur M. Brunet, du crâne dit de Toumaï, daté de 6 à 7 millions d'années, a été l'objet de vifs échanges entre paléontologues. Selon Brunet, il s'agit là d'un crâne appartenant à la lignée humaine, tandis que pour B. Senut et M. Pickford[1], il s'agirait plutôt d'une forme ancestrale des grands singes.

Pour défendre son point de vue, M. Brunet a reconstitué en 3D le crâne, et fait valoir que l'angle entre le plan orbitaire et celui du trou occipital[2] était compatible avec la bipédie. Ses résultats publiés dans *Nature*[3], en 2002, suggèrent que l'hypothèse de la bipédie est la plus probable. Il précise aussi que le crâne de Toumaï possède plusieurs caractères à l'état dérivé, communs aux homininés : orientation de la face nucale, l'épaisseur de l'émail dentaire, et des canines.

Senut et Pickford considèrent, quant à eux, que la longueur des canines de Toumaï, et la taille de son crâne sont plutôt des caractéristiques propres aux grands singes et non aux homininés. Ils contestent aussi la bipédie de Toumaï et attendent la découverte de son bassin et de ses membres inférieurs pour la confirmer

1. Senut B., Pickford M., Braga J., Marais D., Coppens Y. (2001) « Découverte d'un *Homo sapiens* archaïque à Oranjemund, Namibie », *Comptes Rendus de l'Académie des Sciences*, série IIa, 330, 813-819.
2. Trou du crâne dans lequel s'insère la colonne vertébrale.
3. Brunet M. & M.P.F.T. (2002). « A new early hominid from the Upper Miocene of Chad, Central Afric », *Nature* 418, 145-151.

ou l'infirmer. Selon Pickford, les mesures d'angles entre le trou occipital et le plan orbitaire du chimpanzé, utilisées par Brunet pour comparer avec Toumaï, seraient exagérées. Brunet oppose à ces arguments des données statistiques de ses mesures qu'il publie dans *Nature*[1], en 2005, et maintient qu'au vu des résultats, Toumaï peut être intégré à la lignée humaine, et non dans une lignée de grands singes.

Mais ce débat entre Brunet et Senut-Pickford prend un relief particulier, quand on sait que les deux contradicteurs de Brunet sont aussi les co-découvreurs des ossements d'Orrorin. Ces ossements fossiles, trouvés au Kenya, datés de 6 millions d'années, font d'Orrorin le plus ancien des homininés connu. Cependant, il ne s'agit pas d'une simple dispute entre les chercheurs pour s'octroyer la paternité de la découverte du premier pré-humain, mais d'un nécessaire débat pour objectiver les données fossiles.

Profitant de cette controverse scientifique, les créationnistes se sont emparés de Toumaï, pour tenter de discréditer l'évolution. Selon eux, la découverte de Toumaï détruit la thèse de l'*East Side Story* d'Yves Coppens, et prouve qu'il n'y a pas d'origine simiesque de l'humanité. La thèse énoncée et défendue par Coppens, à partir de 1981, situe l'origine de la lignée humaine à l'est du Rift africain. D'après Coppens, les premiers homininés sont probablement issus de l'Est de l'Afrique, d'une zone de savanes, séparée par la barrière géographique du Rift. Ils se seraient ainsi développés indépendamment des grands singes situés dans la zone forestière à l'Ouest. De ce point de vue, la découverte de Toumaï remet, effectivement, en cause la thèse de l'*East Side Story* puisque Toumaï se situe à plus de 2 500 km à l'ouest du Rift africain. Ce qui signifie que les premiers homininés seraient nés à l'Ouest, et non à l'Est comme le propose Coppens. Auquel cas la barrière du Rift n'aurait pas eu d'incidence sur l'origine d'une nouvelle lignée. Ceci semble, d'ailleurs, être confirmé par une autre découverte de l'équipe de M. Brunet, en 1995, celle d'une mâchoire de l'Australopithèque « Abel », trouvée dans le désert tchadien, et datée de 3,5 millions

1. Brunet M., Guy F., Pilbeam D., Lieberman D.E., Likius A., Mackaye HT *et al.* (2005) : « New material of the earliest hominid from the Upper Miocene of Chad », *Nature*, 43 4 : 752-5.

d'années. Les découvertes de Toumaï et d'Abel remettent donc en question la thèse de Coppens. Mais cette remise en cause participe à la construction du savoir scientifique. Coppens, lui-même, reconnaît que, si cela était confirmé par d'autres ossements fossiles : *« il faudra bien changer son fusil d'épaule »*.

Mais, pour les créationnistes, trouver Toumaï et Abel dans une même zone géographique où l'on retrouve aussi des fossiles de grands singes prouve que la lignée des grands singes et celle des homininés ne sont pas reliées à un ancêtre commun, puisque tous deux cohabitaient en un même lieu géographique. Contrairement à ce qu'affirment les créationnistes, Toumaï n'affaiblit pas l'argument de parenté entre les deux lignées. Il enracine, seulement, l'ancêtre commun aux deux lignées plus loin qu'on ne le pensait jusqu'à présent.

Or, c'est justement cet enracinement qui pose problème aux créationnistes. C'est pourquoi ils laissent entendre que la théorie de l'évolution prétend à une transformation, pure et simple, du « singe » en humain. Même si la formule de Haeckel fait aussi ce raccourci, l'étude scientifique de l'évolution humaine ne dit pas cela. Elle dit simplement, mais précisément, que les deux lignées partagent un ancêtre commun à partir duquel chacune des lignées a évolué séparément : l'une a donné naissance aux singes fossiles et actuels, l'autre aux hommes fossiles et à l'homme moderne.

Chapitre 5

La théorie de l'évolution est-elle en crise ?

Pourquoi faire référence à une théorie de l'évolution ? L'observation rigoureuse des faits ne suffit-elle pas ?

À en croire les créationnistes, la théorie n'aurait pas fait ses preuves. De leur point de vue, elle n'est qu'une supposition qui ne peut être vérifiée. Il est vrai que, dans le langage commun, théorie est souvent associée à spéculation, tandis que, dans le vocabulaire scientifique, c'est déjà un modèle explicatif étayé, parfois même globalement validé. Selon l'épistémologue Karl Popper (1902-1994), les théories scientifiques « sont des filets destinés à capturer ce que nous appelons le monde ; à le rendre rationnel, l'expliquer et le maîtriser. Nous nous efforçons de resserrer de plus en plus les mailles » (*La logique de la découverte scientifique*, 1934).

Ainsi, la théorie cellulaire, la théorie de l'hérédité, la théorie de la tectonique des plaques, la théorie de la gravitation universelle, etc., ne sont pas des spéculations, mais des modèles explicatifs du réel soumis à vérification. Leur caractère « théorique » vient de leur capacité à expliquer les phénomènes étudiés à partir de concepts et pas seulement par la description et l'accumulation de faits élémentaires comme le souligne G. Canguihlem (1904-1995) : « les faits suscitent les théories, mais ils n'engendrent pas les concepts qui les unifient intérieurement ni les intentions intellectuelles qu'elles développent » (*La connaissance de la vie*, 1952).

Encore faut-il distinguer entre le fait scientifique et le fait brut. Le fait brut est accessible, *de visu*, à chacun. Quant au fait scientifique, il est reconstruit à la lumière d'un réseau de connaissances. Il faut donc disposer de ces connaissances pour y accéder. Par exemple, lancer un objet et le voir retomber est un fait brut. Expliquer son retour au sol par la loi d'attraction, énoncée par la théorie de la gravitation universelle, c'est le transformer en un fait scientifique. De même, l'observation au microscope d'une cellule ne va pas de soi. Regarder, même très attentivement, un tissu animal ou végétal ne permet pas de voir des cellules. Pour reconnaître une cellule hépatique, nerveuse, musculaire, etc., il faut disposer de la théorie cellulaire, c'est-à-dire d'un cadre conceptuel à partir duquel l'objet « cellule » est décrit comme l'unité de fonctionnement du vivant. Sans quoi il ne reste qu'un descriptif des formes observées au microscope. La théorie de l'évolution permet de faire de même avec l'objet « espèce ». Elle modélise la transformation des espèces par des mécanismes biologiques, et conceptualise l'histoire du vivant comme un continuum généalogique inscrit dans l'espace et dans le temps.

Qu'est-ce que la théorie de l'évolution ?

La théorie de l'évolution est une explication de l'histoire du vivant. Elle s'appuie sur des faits anatomiques, paléontologiques, embryologiques, génétiques, moléculaires, etc. Mais la collection des faits ne suffit pas à établir la réalité objective de l'évolution. Pour cela, il faut en revenir aux causes de la transformation des espèces.

La théorie de « *la descendance avec modifications* » ou théorie de l'évolution explique l'origine des espèces, par le mécanisme de la sélection naturelle, le remaniement chromosomique, la dérive génétique, etc.

En somme, la problématique darwinienne de *L'Origine des espèces* interroge les causes de la spéciation, c'est-à-dire les causes de la formation des espèces. Le biologiste est alors placé dans une situation analogue à celle de l'historien. Il dispose d'un matériel lacunaire (les archives fossiles) et fragmentaire (expérimentation en laboratoire) pour reconstituer l'histoire du vivant. Son travail consiste à agencer les éléments en sa possession pour restituer, le plus précisément possible, le cours de cette histoire. Le biologiste est ainsi conduit à interpréter une situation factuelle en une explication causale. Comment expliquer, par exemple, l'unité du monde vivant au niveau anatomique, embryologique, cellulaire ou moléculaire ? De génération en génération, les espèces se modifient, sous l'action de la sélection naturelle. Avec le temps, de nouvelles espèces se forment à partir d'une espèce-souche.

Pour se garder de toute interprétation finaliste, selon laquelle la sélection obéirait au dessein d'un sélectionneur, les biologistes emploient souvent le terme anglophone d'*evolutionary process* traduit par « processus évolutif » ou par « mécanique évolutive ». Cette mécanique évolutive n'a pas de caractère prédictif, mais rétrodictif[1] (Gayon, 1993). Elle ne permet donc pas de connaître l'avenir évolutif d'une espèce mais, rétrospectivement, de connaître les liens de parenté entre les espèces actuelles et passées.

La théorie de l'évolution est aussi un paradigme. Elle correspond à des « découvertes scientifiques universellement reconnues qui, pour un temps, fournissent à un groupe de chercheurs des problèmes types et des solutions » (Kuhn[2], 1972). Au XIXe siècle, il existait deux grands paradigmes, l'un dominant : le fixisme, l'autre marginal : le transformisme. L'abandon du fixisme au profit du transformisme marque une rupture ou « une révolution scientifique », au sens de Kuhn, c'est-à-dire un changement de référentiel. Car la naissance du transformisme a introduit un bouleversement des connaissances aussi radical que celui du passage du géocentrisme à l'héliocentrisme en astronomie.

Pour autant, la théorie de l'évolution, comme toute théorie scientifique, ne reste pas figée. Elle se modifie par l'abandon d'explications erronées, par l'accumulation des nouvelles données, et par rectification des explications. Enfin, elle se mesure aussi à sa fécondité, à ce qu'elle permet de découvrir. Depuis Darwin, la théorie a permis d'intégrer de nouveaux mécanismes d'évolution (formation de nouveaux gènes, dérive génétique, etc.) et de préciser les modalités d'évolution à travers d'autres modèles explicatifs que celui proposé par Darwin (théorie synthétique, théorie neutraliste, etc.).

---

1. Gayon J. (1993). « La biologie entre loi et histoire », in *Philosophie* n° 38, Éditions de Minuit.
2. Kuhn T. S (1972). *La structure des révolutions scientifiques*, Flammarion.

La théorie de l'évolution a-t-elle fait ses preuves ?

La contingence historique

Un des reproches récurrents, de la part des créationnistes, à l'encontre de la théorie de l'évolution, est soi-disant l'impossibilité de la vérifier au motif de l'impossibilité à reconstituer expérimentalement le processus historique de transformation des espèces. Mais arguer de l'incapacité à reproduire l'évolution n'est pas un argument pour la réfuter. Sauf à vouloir réfuter toutes les sciences historiques.

Cela dit, le statut épistémologique de la théorie de l'évolution a fait l'objet de nombreuses discussions. Popper, jusque dans les années 1980, pensait que la théorie de l'évolution n'était pas une théorie scientifique. En raison, disait-il, de la difficulté à tester ou à réfuter la contingence historique par l'expérimentation.

Le paléontologue S. J. Gould (1941-2002) a rappelé que la contingence historique n'est pas un obstacle à l'étude scientifique de l'évolution. Bien qu'un événement historique soit imprévisible, il peut néanmoins s'expliquer rationnellement : « le message de la contingence historique ne tient pas à son caractère aléatoire et péjoratif ou, dans le langage courant, inexplicable. Les séquences historiques sont parfaitement explicables, mais elles ne sont pas prévisibles » (Gould, *La vie est belle*, 1989).

Pensons, à l'extinction des dinosaures, voici 65 millions d'années. Elle est sans doute le produit d'un événement géologique imprévisible : l'impact d'une météorite sur Terre et/ou d'un volcanisme intense avec la production des laves du Deccan. Ces deux événements ont été à l'origine de modifications des conditions de vie des dinosaures : diminution de température à la surface de la Terre, diminution de la luminosité, diminution de l'activité photosynthétique des plantes, etc. Chacune de ces modifications de l'environnement a contribué à l'extinction des dinosaures. Mais cette extinction a, elle-même, contribué à une nouvelle donne écologique avec la mise en place de nouveaux réseaux alimentaires, de nouvelles distributions des organismes et une diversification des espèces.

Un impact météoritique, un volcanisme intensif, une glaciation, etc., peuvent participer, indirectement, à la transformation des espèces, en modifiant les conditions écologiques. Ainsi, la formation de nouvelles espèces est un événement unique, produit d'une chaîne d'événements eux-mêmes particuliers. Aujourd'hui, nous savons que la formation des espèces est le fruit d'une interaction entre trois agents : des événements fortuits (changement climatique, fragmentation du territoire, impact météoritique, etc.), la variabilité génétique des populations et l'action de la sélection naturelle. Aussi, la théorie de l'évolution peut expliquer le passé, mais pas le devenir évolutif des espèces, car les conditions initiales à l'origine de la transformation des espèces sont locales, momentanées et irréversibles.

Au vu du développement de la biologie de l'évolution, Popper a reconsidéré sa position épistémologique :

> « Ce fut, bien sûr, le plus grand exploit de Darwin que de démontrer qu'il était possible d'expliquer la téléologie en termes non téléologiques, c'est-à-dire en termes ordinaires de causalités. Le darwinisme est la meilleure explication que nous possédions. Il n'existe, en ce moment, aucune hypothèse sérieuse pouvant rivaliser avec elle » (*L'univers irrésolu*, 1984).

Par hypothèse, il faut entendre, non pas une simple supposition, mais un axe de recherche scientifique indépendant du finalisme.

Reste que la biologie de l'évolution est à la croisée des sciences expérimentales et des sciences historiques. Monod rappelle dans *Le Hasard et la Nécessité* (1970) que : « les êtres vivants sont des machines chimiques ». Il entend par là que ce sont « des unités fonctionnelles ». Cependant, il ajoute que « l'organisme est une machine qui se construit elle-même » ; ce qui déjà n'est plus le propre d'une machine, car la construction du vivant n'est autre que le résultat d'un processus historique : l'évolution. Dans ces circonstances, y a-t-il moyen de vérifier objectivement l'hypothèse que les espèces dérivent les unes des autres ? Assurément, à partir de données expérimentales ou de données de terrain. La validation de la théorie repose sur la confrontation et la vérification entre les données observées et l'explication de la sélection naturelle. Deux approches majeures et complémentaires sont possibles : l'expérimentation, au laboratoire, pour tester l'effet de la sélection sur des populations, et l'investigation sur le terrain, pour rechercher des indicateurs de la formation de nouvelles espèces.

L'approche expérimentale

Darwin a posé les bases d'un programme de recherche scientifique, mais les preuves « matérielles » disponibles à son époque étaient essentiellement descriptives : fossiles, embryons, squelettes, etc. Depuis, la théorie s'est enrichie des travaux de Weismann (1834-1914), lesquels ont montré que la transmission d'informations héréditaires se fait uniquement par les cellules sexuelles et non par les cellules somatiques[1]. Ainsi, l'hérédité des caractères acquis, idée partagée par Lamarck et repris par Darwin, fut réfutée. La redécouverte, en 1900, des travaux de Mendel (1834-1914), rédigés en 1866, va permettre de comprendre la transmission héréditaire des mutations (ou variations) et de prévoir statistiquement les résultats de certains croisements. En 1901, le mutationnisme de Hugo de Vries (1848-1935) apporte une autre lecture de l'évolution, avec la formation de nouvelles espèces à partir de transformations héréditaires brusques : les mutations. Enfin, la découverte de l'ADN et du code génétique, dans les années 1950, va donner un nouveau champ d'exploration à la théorie de l'évolution en analysant les effets des mutations.

Dès les années 1920, il est possible de produire en laboratoire, de nouvelles espèces par hybridation d'espèces différentes. Karpechenko (1899-1941) croise, en 1928, le chou et le navet, puis provoque un doublement de chromosomes pour rendre fertile l'hybride : le chou-navet. À la suite de ses travaux, d'autres croisements ont été réalisés montrant ainsi que les espèces ne sont pas définitivement fixes.

À partir des années 1930, l'explication de l'évolution par la sélection naturelle est renforcée par les travaux en génétique des populations de J.B.S. Haldane (1892-1964), R. Fisher (1890-1962) et S. Wright (1889-1988) sur la modélisation mathématique de la transformation génétique des populations. En 1932, Haldane publie un ouvrage intitulé *The Causes of Evolution*, où

1. Weissman A. (1892). *Essai sur l'hérédité et la sélection naturelle.*

il complète les résultats de Fisher et Wright des années 1930 sur les fluctuations aléatoires des fréquences géniques et les effets de la dérive génétique.

L'expérimentation, dans les années 1930, à partir des populations de mouches drosophiles par Ph. L'Héritier (1906-1990) et G. Teissier (1900-1972), apporte une approche statistique de l'action de la sélection. Les deux généticiens mettent au point des « cages à populations », ou démomètres, dans lesquelles les mouches trouvent leur nourriture et peuvent se reproduire. Une des expériences consiste alors à associer dans les cages à populations des drosophiles à « ailes normales » et des drosophiles avec des ailes réduites ou vestigiales. Les cages sont laissées ouvertes et placées en plein-vent ou à l'abri du vent.

En plein-vent, le nombre de drosophiles « normales » diminue, de génération en génération, tandis que celui des drosophiles « vestigiales » augmente. À l'inverse, à l'abri du vent, le nombre de drosophiles « normales » augmente et celui des mouches « vestigiales » diminue. En présence de vent, les mouches, à ailes normales, prennent leur envol et s'éloignent de leur lieu d'origine, sans nécessairement revenir dans les cages ; tandis que les mouches à ailes réduites ne pouvant voler, restent sur place et utilisent les ressources alimentaires contenues dans la cage pour se reproduire. En l'absence de vent, les mouches à ailes normales prennent leur envol, mais reviennent vers les cages pour se reproduire et se nourrirent, tout comme les mouches à ailes vestigiales. Mais ces dernières ont une fertilité moindre que celle à ailes normales, d'où leur diminution en nombre.

Ainsi, la reproduction différentielle des mouches « normales » et « vestigiales », en fonction conditions environnementales, est un moyen de tester expérimentalement et statistiquement les effets de la sélection naturelle.

Une expérimentation, grandeur nature, a aussi été menée sur les effets de la sélection naturelle. Dans les années 1950, le virus de la myxomatose a été volontairement introduit en Australie dans le but de contaminer les lapins trop abondants sur le territoire, pour limiter leur multiplication, voire les éradiquer. En effet, depuis de la colonisation anglaise au XVIIIe siècle, les lapins importés sur le continent par les colons se sont multipliés en deux cents ans, en raison de l'absence de prédateurs. Après l'introduction du virus, très rapidement, les populations de lapins furent contaminées, et le taux de mortalité augmenta. Mais une décennie plus tard, les populations de lapins augmentèrent à nouveau. Ce renversement des résultats s'explique par l'effet combiné de la diminution de la virulence du virus, et de la sélection naturelle qui favorisa la reproduction des lapins génétiquement résistants au virus.

Cependant, la sélection naturelle n'est pas le seul mécanisme en cause. Dans les années 1960, R. Lewontin (1929-) met en évidence l'importance du polymorphisme génique. Un même gène peut exister en différentes et nombreuses versions : les allèles. Les travaux en la génétique des populations des années 1930 montrent l'importance de la taille des populations dans le processus évolutif. Il a été, mathématiquement, démontré que les petites populations ne sont pas nécessairement soumises à la sélection naturelle mais à la dérive génétique, c'est-à-dire à une loi de probabilité selon laquelle certains allèles sont conservés et d'autres éliminés en fonction de la taille de la population.

Autre exemple de transformations qui peuvent avoir des conséquences évolutives : les mutants homéotiques. Dans les années 1950, E.D. Lewis met en évidence les modalités génétiques de l'organisation des animaux en étudiant des gènes homéotiques chez la drosophile. La mutation de ces gènes modifie l'organisation de l'animal. On connaît ainsi, chez les drosophiles, les mutants *antennapedia* avec la présence de pattes à la place des antennes, ou encore les mutants *bithorax* avec deux paires d'ailes au lieu d'une seule.

Dans les années 1980 et 90, les chercheurs découvrent que des organismes aussi différents que la mouche drosophile, le poisson-zèbre et une souris ont en commun les mêmes gènes homéotiques. Le fait que des gènes homéotiques soient communs à plusieurs espèces est cohérent avec la théorie de l'évolution. Celle-ci l'explique par une origine commune. Les vertébrés et les insectes ont hérité d'un ancêtre commun les gènes de l'organisation du corps. En 1991, Akam a réalisé un transfert de gènes homéotiques de mammifères chez la drosophile pour voir s'ils s'expriment. Effectivement, ces gènes s'expriment chez la drosophile.

L'enquête-critique sur le terrain

La biologie de l'évolution recherche sur le terrain des traces de la transformation des espèces. Une investigation sur les indices factuels actuels (anatomiques, embryologiques, etc.) et dans les archives fossiles participe à une enquête-critique. Comme dans toute enquête, les indices sont épars, et ce sont des opérations logiques qui les relient les uns aux autres.

Ainsi, le bras humain présente les mêmes os, en même position anatomique, que l'aile de la chauve-souris. L'observation embryologique nous apprend que les membres antérieurs de ces deux animaux proviennent des mêmes structures embryonnaires. Cette ressemblance a-t-elle une signification évolutive ?

La théorie explique cette ressemblance par un ancêtre commun à l'homme et à la chauve-souris. Cela signifie que ces deux structures sont homologues. Cependant, l'enquête-critique ne s'arrête pas à la ressemblance des structures pour affirmer l'existence d'un ancêtre commun. En effet, des caractères, en apparence similaires, peuvent aussi bien être le fruit d'une convergence adaptative que celui d'une ascendance commune. Ainsi, les animaux qui vivent en milieu aquatique ont généralement une forme hydrodynamique. Cet hydrodynamisme commun aux poissons et aux dauphins ne suffit pas à prouver une ascendance directe aux deux groupes. La forme n'est qu'une caractéristique morphologique du déplacement en milieu aquatique. De même, la dissemblance n'exclut pas pour autant qu'il n'y ait pas d'ancêtre commun. Par exemple, l'os de la columelle de l'oreille moyenne chez les Tétrapodes joue un rôle dans la transmission des vibrations sonores. Mais cet os n'est autre qu'un os appelé l'hyomandibulaire chez les poissons. Il y a là, ni ressemblance ni même fonction biologique, mais ces deux os sont issus de la première poche viscérale embryonnaire. Il est alors possible d'énoncer que les « poissons » et les Tétrapodes ont hérité cette structure d'un ancêtre commun, et ces structures sont dites homologues.

Au niveau des archives fossiles, il existe aussi des arguments en faveur de l'évolution. La succession des espèces fossiles, au cours des temps géologiques, permet d'observer des modifications morpho-anatomiques. Ainsi la succession des espèces d'ammonites ou d'équidés sont des indicateurs de l'évolution. En effet, comment expliquer à la fois la succession et la transformation des espèces ? Par génération spontanée, par création divine ou par spéciation. L'explication rationnelle est celle d'une continuité entre les espèces par filiation : les espèces dérivent les unes des autres. À partir des données paléontologiques, la théorie de l'évolution permet de reconstituer des lignées qui unissent les espèces fossiles les unes aux autres jusqu'aux espèces actuelles. C'est ce qu'a réalisé G.G. Simpson, dans les années 1940, en reconstituant la lignée des équidés par diversification des espèces depuis 50 millions d'années.

L'écologie n'est pas en reste. Dans les années 1940, l'ornithologue E. Mayr (1904-2005) a développé le modèle de la répartition en anneau par spéciation géographique. Ce modèle explique la formation des espèces par l'isolement géographique des populations. Il est testé et validé à partir de l'étude de la répartition circumpolaire des espèces de goélands, circum-himalayenne des pouillots, ou encore des mésanges charbonnières autour du plateau d'Asie centrale. Ces études ont permis de suivre, sur le terrain, la transformation *in situ* des espèces.

À partir d'une espèce-souche, de proche en proche, des sous-espèces se sont formées. Puis, isolées les unes des autres, elles se différencient en espèces différentes. À l'isolement géographique des populations succède un isolement reproductif.

Enfin, on connaît en Amérique du Sud des espèces naissantes de drosophiles, c'est-à-dire des espèces en voie de spéciation. L'isolement géographique des populations et l'isolement éthologique conduisent progressivement à un isolement reproductif, même s'il n'est pas encore définitif.

En résumé, au vu des résultats expérimentaux et de l'enquête-critique, la théorie de l'évolution a fait ses preuves, dans le sens qu'elle résiste aux faits, en réfutant la fixité des espèces et en démontrant l'action des mécanismes biologique dans la transformation des espèces. Ainsi, l'évolution est un fait scientifiquement établi, c'est-à-dire une réalité biologique et historique de la transformation des espèces. La théorie est opératoire, mais elle est révisable à tout moment, pour tenir compte de nouvelles données.

Pourquoi plusieurs théories post-darwiniennes ?

Aujourd'hui, l'évolution s'explique par différents mécanismes biologiques : la sélection naturelle, le remaniement chromosomique, la modification du nombre de chromosomes, la dérive génétique, la formation de nouveaux gènes par duplication et mutation de gènes existants, etc.

Ainsi, le darwinisme a été revisité et révisé à la lumière des progrès de la génétique et de la biologie moléculaire donnant naissance à de nouvelles théories de l'évolution. Mais, contrairement à ce qu'affirment les créationnistes, le passage de la théorie darwinienne aux actuelles théories de l'évolution n'est pas le signe d'une déroute ou d'une fragilisation de la théorie de l'évolution. S'il existe plusieurs théories, cela ne signifie pas que la biologie de l'évolution est dans l'impasse, mais simplement qu'il existe différentes modalités et mécanismes d'évolution autres que la spéciation par sélection.

C'est à partir des années 1940 que de nouvelles théories ou nouveaux modèles explicatifs voient le jour. Quatre grands modèles sont à distinguer, en relation avec l'étude des mécanismes évolutifs.

– *Le modèle synthétique* des années 1940-1950 : à cette époque le renouveau des connaissances conduit le généticien Y. Dobzhanzky (1900-1975), l'ornithologue E. Mayr (1904-2005) et le paléontologue G.G. Simpson (1902-1984) à fédérer des données issues de différentes disciplines : zoologie, botanique, paléontologie, génétique, biochimie, etc. Leurs études montrent que la sélection naturelle agit, de génération en génération, sur le stock de variabilité génétique, et optimise l'adaptation des organismes.

– *Le modèle cladistique* de W. Hennig (1913-1976), des années 1950, introduit de nouvelles méthodes de classification pour construire des liens de parenté entre les espèces. Par exemple, les crocodiles, traditionnellement classés parmi les reptiles partagent, en réalité, avec les oiseaux certains caractères qu'ils ne partagent pas avec les lézards. Les crocodiles sont donc plus proches des oiseaux que des lézards.

– *Le modèle neutraliste* en 1966-68 de M. Kimura (1924-1994) reconnaît à la sélection naturelle un rôle majeur dans l'évolution : « la théorie classique de l'évolution a démontré... que la sélection naturelle... constitue le mécanisme de base de l'évolution adaptative » (*La théorie neutraliste de l'évolution*, 1983, éd. fr. 1990). Mais Kimura minimise son importance dans l'évolution moléculaire. Il reprend les travaux des années 1930 sur la dérive génétique, et montre que celle-ci joue aussi un rôle important dans l'évolution, car le nombre de géniteurs n'est pas infini. En effet, en fonction de la taille de la population, la fréquence des allèles varie de façon aléatoire à chaque génération. Cette fluctuation aléatoire, ou dérive génétique, conduit à la perte ou au maintien de certains allèles indépendamment de l'action de la sélection naturelle; d'où l'appellation de gène neutre, c'est-à-dire non soumis à la sélection.

– *Le modèle des équilibres ponctués* d'Eldredge et Gould, proposé en 1970-1972, reconsidère le point de vue gradualiste. Autrement dit, l'idée que la transformation des espèces au cours du temps est progressive et très lente. Pour ces deux paléontologues, les discontinuités observées dans les lignées évolutives ne sont pas nécessairement la conséquence d'une absence de fossilisation, mais signifient que la sélection n'agit pas seulement au niveau des populations, mais aussi au niveau des espèces.

Aussi, ce que nous appelons communément « théorie de l'évolution » est un cadre conceptuel pour comprendre la transformation et l'origine des espèces par des mécanismes biologiques. Chacun de ces modèles témoigne que la théorie est un programme de recherche soumis en permanence à de nouveaux questionnements. Elle fait l'objet d'un échange d'informations, de données, d'arguments soumis au débat contradictoire au sein de la communauté scientifique pour une meilleure intelligibilité du processus évolutif.

Quelques éléments clés de la théorie de l'évolution

Questions	Propositions de réponses
Pourquoi parler de théorie de l'évolution et pas seulement d'évolution ?	L'évolution : processus historique de la transformation et de l'extinction des espèces au cours des temps géologiques La théorie : explication de la formation et de l'extinction des espèces par des mécanismes biologiques
Que dit la théorie de l'évolution ?	Les espèces ne sont pas immuables, mais se transforment au cours des temps géologiques Toutes les espèces – actuelles et fossiles – descendent d'un ancêtre commun
Comment la théorie explique-t-elle l'évolution ?	Par des mécanismes biologiques : mutations, sélection naturelle, dérive génétique, remaniements chromosomiques, etc. La formation de nouvelles espèces à partir d'une espèce-souche s'explique par la modification génétique de celle-ci sous l'action des mécanismes de l'évolution L'extinction s'explique par une limite de la valeur adaptative des espèces
En quoi la théorie de l'évolution est-elle une théorie scientifique ?	Parce qu'elle explique rationnellement l'histoire du vivant par des causes matérielles Parce que les mécanismes de l'évolution sont testés, en laboratoire ou sur le terrain, pour être validés ou rejetés
Quels sont les moyens de vérifier ou de tester la validité de la théorie, puisqu'on ne peut pas reproduire l'histoire du vivant ?	Il faut s'assurer que la théorie résiste aux faits : * par la confrontation des données : - données brutes (paléontologiques, embryologiques, génétiques, etc.) - données expérimentales de l'action de la sélection naturelle, de la dérive génétique, etc. - données de la classification * par la réfutation ou contre-épreuve : Comment expliquer que des espèces qui partagent des caractères communs ne les aient pas hérités d'un ancêtre commun ? Pour le moment aucune réponse rationnelle, autre que l'évolution, n'explique cela.

Questions	Propositions de réponses
Quels sont les principaux mécanismes de l'évolution ?	La mutation : changement(s) au niveau des nucléotides d'un gène pouvant conduire à un changement d'information génétique La sélection naturelle : mécanisme par lequel les individus porteurs de certaines mutations se reproduisent davantage que ceux qui ne les possèdent pas (reproduction différentielle) La dérive génétique : fluctuation aléatoire des fréquences des allèles en fonction de la taille de la population Isolement reproductif : populations d'une même espèce, géographiquement isolées les unes des autres, accumulent des mutations différentes et peuvent devenir des espèces différentes
Quels types de preuves a-t-on de l'évolution ?	Preuves expérimentales de la sélection naturelle, de la dérive génétique Preuves paléontologiques, embryologiques, moléculaires de liens de parenté Preuves écologiques de cas de spéciation analysés, *in situ*, dans la nature
Quels sont les principaux concepts la biologie de l'évolution ?	Ancêtre commun : espèce à l'origine de nouvelles espèces Espèce : individus interféconds Sélection naturelle : reproduction différentielle Spéciation : formation de nouvelles espèces à partir d'une population d'une espèce-souche. La formation de nouvelles espèces se traduit par un isolement reproductif Homologie : des structures anatomiques qui ont la même origine embryologique sont héritées d'un ancêtre commun
Que signifie l'expression, « l'évolution est un fait » ?	L'évolution est un fait scientifique, c'est-à-dire une réalité biologique et historique, scientifiquement, établi

Questions	Propositions de réponses
Si la théorie est vérifiée, pourquoi continuer les recherches en évolution ?	La biologie de l'évolution, comme toute science, est en quête de nouvelles connaissances. Il faut prendre en compte les nouvelles données de la biologie moléculaire, de la paléontologie, etc., pour savoir si elles résistent à la théorie, et jusqu'à quel point. L'objectif est d'expliquer, de plus en plus finement, le processus évolutif, et l'action des mécanismes évolutifs.

Chapitre 6

Le débat scientifique dans les programmes scolaires

Face au débat scientifique de ces cent dernières années sur les modalités et les mécanismes de l'évolution, comment l'École a-t-elle fait ses choix d'enseignement en biologie de l'évolution ? Qu'est-ce qui a guidé et légitimé la connaissance enseignée ?

C'est d'abord l'université. Pour que l'enseignement de l'évolution soit reconnu dans le secondaire et le primaire, il faut préalablement qu'il soit validé par l'Université. L'enseignement universitaire de l'évolution commence, en France, véritablement en 1892 avec la création de la première chaire d'Évolution des êtres organisés attribuée à Alfred Giard (1846-1908) à la Sorbonne ; soit trente-trois ans après la publication de *L'Origine des espèces*, et vingt-six ans après sa première traduction, en 1862, par Clémence Royer.

Il est à noter que le premier concours de l'agrégation de sciences naturelles, en 1881, marque l'autonomie de la discipline jusqu'alors étroitement associée aux sciences physiques, et participe au développement de l'enseignement de l'évolution. En 1898, l'introduction de la paléontologie dans les programmes de lycée donne à la fois une dimension historique et évolutionniste de la description des fossiles.

Mais c'est avec la réforme de l'enseignement scientifique de 1902 (*Bull. Adm.* t. 71, 1902), laquelle accorde aux sciences la même valeur éducative qu'aux humanités, que l'enseignement de l'évolution va réellement s'imposer dans le secondaire. La mise en œuvre de cette réforme s'accompagne d'un cycle de conférences pédagogiques où sont discutés les contenus d'enseignement et les orientations pédagogiques. Ainsi, en 1904, Louis Liard, vice-recteur de l'Académie de Paris, résume les objectifs de l'enseignement des Sciences naturelles, et propose une démarche d'enseignement qui sert encore aujourd'hui de référence en Sciences de la Vie et de la Terre :

« Au lycée, l'enseignement des sciences naturelles doit être une discipline éducatrice, et non le chargement de la mémoire. Des faits, d'abord, exactement perçus et ce sera une culture de la faculté d'observation ; puis des faits comparés, et ce sera une culture de la faculté de comparaison ; enfin, à la suite de ces comparaisons, des liaisons positives, constatées entre les faits, et ce sera la culture de la faculté de généralisation, une première conception de la loi, un premier éveil du sens scientifique » (conférence pédagogique de 1904).

L'enseignement actuel de l'évolution reste fidèle à cette pédagogie d'un premier éveil scientifique par l'observation, la comparaison et la généralisation.

L'enseignement de l'évolution et la réforme de 1902

En 1905, lors d'une Conférence pédagogique[1] à laquelle participent des universitaires, des professeurs de lycée et des inspecteurs, la question de l'enseignement de l'évolution est évoquée. L'intervention d'Antoine Pizon (1860-1942), professeur au lycée Janson-de-Sailly, témoigne que l'enseignement de l'évolution était maîtrisé par les enseignants du secondaire, contrairement à ce que laissait entendre Félix Le Dantec (1869-1917), alors chargé de cours à la Sorbonne :

> « Nous ne sommes plus à l'époque de Cuvier, quoiqu'en pense M. Le Dantec. Les agrégés d'histoire naturelle connaissent le transformisme, cet admirable monument philosophique qu'ont dressé Lamarck, Geoffroy Saint-Hilaire, Darwin, et que les travaux des naturalistes contemporains consolident encore tous les jours ; et non seulement

1. Dans l'ouvrage très documenté, *Sciences naturelles et Formation de l'esprit*, sous la direction de Nicole Hulin (2002), sont analysés les textes officiels et des débats autour de la réforme de 1902 dont nous reprenons ici de larges extraits.

ils connaissent cette brillante théorie, mais ils l'enseignent ; le langage transformiste est, pourrais-je dire, monnaie courante chez eux. Non, il n'est pas vrai de dire que nous enseignons encore l'espèce à la manière de Cuvier. Nous ne sommes pas de ceux – de plus en plus rares, d'ailleurs – qui pensent que l'espèce est une forme absolument fixe, immuable, sortie telle quelle des mains d'un créateur et incapable de se modifier sous l'influence des facteurs qui l'entourent. Nous sommes peut-être plus lamarckiens que Lamarck lui-même » (compte rendu des discussions en 1905, conférences en sciences naturelles).

Paradoxalement, le programme issu de la réforme de 1902 ne prévoit pas un enseignement spécifique de l'évolution, ou plus exactement du transformisme, terme utilisé à l'époque pour désigner le lamarckisme. Le programme mentionne, pour le second cycle, l'enseignement des principaux fossiles caractéristiques des *temps primaires* (ex : Brachiopodes et premiers Vertébrés), des *temps secondaires* (ex : Ammonites, Bélemnites, extension des Reptiles, premiers Oiseaux et Mammifères), des *temps tertiaires* (ex : extension des Mammifères) et *quaternaires* (ex : mammouth, apparition de l'Homme). Est évoquée aussi la notion paléontologique de diversification des Reptiles et des Mammifères.

Louis Mangin (1852-1937), professeur au Muséum d'histoire naturelle, premier agrégé de sciences naturelles, et ancien professeur au lycée Louis-le-Grand explique l'absence d'un chapitre consacré à l'évolution : « le transformisme pénétrant tout le cours, il n'était pas nécessaire de lui faire une place à part ni de l'indiquer comme principe directeur ».

Le but, selon Mangin, n'est pas de faire un exposé général qui obligerait les élèves à mémoriser le savoir, mais de les inciter à une réflexion active, en classe :

« Ce n'est pas comme doctrine philosophique que le transformisme intéresse les naturalistes, c'est parce qu'il représente la seule hypothèse capable d'expliquer la filiation des êtres dans l'espace et le temps. C'est donc par une série de leçons bien ordonnées qu'il apparaîtra aux élèves comme la conclusion fatale des faits observés par eux ou exposés en classe.

D'abord nous tirons le principe : la fonction crée l'organe... nous fournirons tous les documents nécessaires pour établir solidement ce principe.

L'examen du squelette dans la série des vertébrés nous amène à faire

connaître les faits d'adaptation. L'étude de quelques animaux domestiques, d'un certain nombre de plantes de grande culture, permet de donner l'idée de la sélection artificielle : un pas de plus et nous arrivons à la sélection naturelle. Peu à peu l'hypothèse du transformisme s'ébauche, se dessine et s'affirme. Quelques indications sur les données paléontologiques : vertébrés du tertiaire; sur les données embryogéniques : développement de l'appareil nerveux, de l'appareil circulatoire, complètent et précisent l'idée du transformisme.
Toutefois on ne doit pas oublier que ce n'est qu'une hypothèse. Il convient alors pour résumer les données déjà acquises de placer les élèves en face des deux hypothèses fondamentales, l'une, celle de la création, la plus ancienne et la seule admise, jusqu'aux observations de Lamarck et de Darwin qui ont abouti à la seconde, si violemment combattue dès son apparition. Tous les faits acquis démontrent que, scientifiquement, la première hypothèse n'a aucune base, la seconde seule est en accord avec les documents anatomiques, embryologiques et paléontologiques » (Conférences de 1905).

Cependant, Mangin n'écarte pas l'opposition au transformisme et prend même position :

> « C'est ainsi qu'en plaçant les élèves en face de deux hypothèses rivales..., celle de la création et celle du transformisme, nous sommes obligés de leur dire : la création, inspirée par des considérations dogmatiques, n'existe pas au point de vue scientifique, aucun fait ne l'appuie. Le transformisme, ébauché par Lamarck, a été édifié par Darwin sur des observations nombreuses; soumis au contrôle des données tirées de l'embryologie, de la paléontologie, il est sorti fortifié de ces épreuves; c'est donc la seule hypothèse imposée par la science.
> Les adversaires du transformisme, aveuglés par certaines conceptions religieuses, triomphent facilement en constatant l'insuffisance du transformisme à expliquer logiquement toutes les péripéties de la descendance des êtres. Nous n'avons pas à les suivre sur ce terrain. Notre rôle consiste, après avoir établi que l'hypothèse repose sur des bases solides, à montrer les inconnues qui restent à dégager et à mettre les élèves en garde contre les spéculations dépourvues de bases scientifiques » (Conférences de 1905).

Pour l'époque, cette approche pédagogique est novatrice. Elle met l'accent sur le travail personnel de l'élève à partir de l'observation, et introduit le débat contradictoire. En 1911, lors d'une conférence sur « la méthode positive dans l'enseignement secondaire et primaire », Émile Brucker (1873-1946), membre de la Fédération des Sociétés de Sciences naturelles et professeur au lycée de Versailles, insiste sur l'importance de la méthode plus que sur celle du contenu d'enseignement : « En tout cas, la méthode sera positive. Positive, fondée sur l'observation des faits, sur l'expérience des réalités, elle conduira les élèves, de conséquence en conséquence, à l'induction des lois de plus en plus générales. »

La démarche préconisée est alors exclusivement d'ordre factuel. C'est à partir de l'observation de faits anatomiques et paléontologiques, seuls disponibles à l'époque, que l'évolution est argumentée, et non dans le cadre explicatif de la théorie darwinienne de la sélection naturelle.

L'empreinte du néo-lamarckisme et du néo-darwinisme dans l'enseignement

Au-delà des contenus d'enseignement des programmes, l'enseignement de l'évolution a aussi été traversé par le débat qui a opposé néo-darwiniens et néo-lamarckiens.

Pour les néo-lamarckiens, l'interaction entre mutation et sélection naturelle n'est pas le seul moteur de l'évolution. L'organisme a, en soi, une capacité de transformation face aux modifications du milieu. Le généticien Lucien Cuénot (1866-1951) a proposé le concept de *préadaptation* pour rendre compte d'une logique interne du vivant : « l'adaptation nécessaire et suffisante est donc forcément antérieure à l'installation dans un milieu donné : elle est toujours une préaptitude, une préadaptation » (*Invention et finalité en biologie,* 1941).

Le courant néo-lamarckien très présent à l'Université, jusque dans les années 1960, a influencé l'enseignement de l'évolution. Ainsi, le professeur Pierre-Paul Grassé (1895-1985), membre de l'Académie des sciences, resta toute sa vie durant très réservé à l'égard du néo-darwinisme, et défendit jusqu'à sa mort l'idée que l'évolution ne résulte pas uniquement de la sélection naturelle mais qu'elle est aussi un processus progressif et orienté. Même si, au fil du temps, le néo-lamarckisme est devenu minoritaire, les manuels scolaires jusque dans les années 1970 informaient des deux points de vue, sans prendre parti.

Grâce aux acquis de la génétique, et au développement de la biologie moléculaire, le néo-darwinisme va s'imposer, dès les années 1950, d'abord à l'Université, puis dans l'enseignement secondaire, réduisant progressivement la part du néo-lamarckisme. Néanmoins, jusque dans les années 1970, le courant néo-lamarckien se maintiendra à l'Université. D'ailleurs certains manuels scolaires interrogeaient le rôle de la sélection naturelle dans la macro-évolution, la co-adaptation des espèces ou l'existence de facteurs internes à l'évolution. En cela, ils ne faisaient que retranscrire le débat franco-français de l'époque sur la tension encore vive entre néo-lamarckisme et néo-darwinisme :

> « Si l'évolution nous apparaît comme la meilleure et même la seule explication possible des faits paléontologiques et de la nature actuelle, si le mécanisme de la micro-évolution commence à être compris, il faut constater que le déterminisme de la macro-évolution échappe encore aux biologistes » (*Sciences naturelles*, Terminale D, coll. Ch. Désiré, Bordas, 1974).
>
> « Si la théorie synthétique permet d'expliquer remarquablement bien la plupart des faits d'évolution, il semble bien difficile à l'esprit d'imaginer que des hasards successifs aient pu aboutir à la création d'organes aussi spécialisés que l'aile et la plume de l'Oiseau, ou l'œil des Vertébrés. Du moins cette théorie donne-t-elle un moyen d'investigation et d'expérimentation et on peut penser que les explications qu'elle fournira à l'avenir seront de plus en plus satisfaisantes pour l'esprit » (*Les sciences naturelles au baccalauréat D*, résumé pratique, A. Colin, 1977).

Dans les années 1980, les programmes soulignaient la contribution expérimentale de la génétique et de la biologie moléculaire pour montrer l'interaction entre mutation et sélection dans la transformation des populations. Parallèlement, le néo-lamarckisme et le néo-darwinisme sont délaissés au profit de la théorie synthétique, laquelle intègre des données biochimiques, écologiques, génétiques, paléontologiques, etc. Dans les années 1990, la référence à la théorie de l'évolution, qu'elle soit néo-lamarckienne, néo-darwinienne ou synthétique, n'apparaît plus dans les programmes ni dans la plupart des manuels.

Programmes et orientations pédagogiques

L'enseignement de l'évolution débute au lycée, en classe de Terminale, en 1902. Ce n'est que dans les années 1970 qu'il fait son entrée au collège en classe de Quatrième et en 2002 qu'il est introduit à l'école primaire, dans le cadre des nouveaux programmes de l'enseignement des sciences.

L'enseignement de l'évolution au lycée depuis 1912

C'est avec les programmes de 1912 (*Bull. Adm.* t. 91, 1912, circ. 23 mai 1912), pour le second cycle, que l'on voit apparaître, pour la première fois, l'intitulé thématique « l'évolution des végétaux et des animaux ». Il ne s'agit pas vraiment d'étudier l'évolution, mais davantage les temps géologiques et les preuves de l'immensité de leurs durées ainsi que celles de leur succession par la stratigraphie et la paléontologie. Dans les programmes 1923 (*Bull. Adm.* t. 113, arrêté 3 décembre 1923), les choses se précisent avec l'étude de l'« idée de l'évolution chez les êtres vivants ». Le choix des exemples est laissé à l'initiative de l'enseignant, mais il lui est demandé de replacer les faits exposés dans le cadre de la théorie transformiste. En 1925, un nouveau programme d'enseignement est publié (*JO* 3 juin 1925) et propose de donner des exemples d'« évolution des êtres vivants ». Le programme de 1931 (arrêté du 30 avril 1931) n'apporte rien de nouveau à celui 1925.

Après la Deuxième Guerre mondiale, l'enseignement de l'évolution se différencie en trois grandes périodes :

- de 1945 à 1966, l'anatomie et l'embryologie comparées constituent les deux disciplines pour décrire l'évolution ;
- de 1982 à 1994, l'introduction de la génétique et de la biologie moléculaire dans les programmes apporte une dimension explicative de l'évolution ;
- enfin, en 2001, l'accent est mis sur les relations de parenté entre organismes avec la construction de liens de parenté entre les espèces à partir d'éléments anatomiques, embryologiques, et moléculaires.

De 1945 à 1966

Les programmes sont principalement axés sur les faits anatomiques et embryologiques, suivis d'un complément historique sur le lamarckisme et le darwinisme. Les concepts d'adaptation, d'homologie, de sélection naturelle, et de mutation sont traités indépendamment des théories de l'évolution.

Dans le programme de 1945 (*BO* n° 55, 1/11/1945), l'enseignement de l'évolution commence par une description des groupes du monde animal, suivie de comparaisons en anatomie comparée, et en paléontologie. La théorie de l'évolution est alors présentée comme l'agencement de tous les faits d'observation recueillis issus de l'anatomie et de l'embryologie comparées, et de la paléontologie. Ces faits d'observation sont cités comme « *des arguments en faveur des conceptions sur l'évolution des êtres vivants* », et l'hypothèse d'un lien de parenté entre les espèces est confirmée par ces indices factuels. En conclusion, un rappel historique est donné sur les théories de Lamarck et de Darwin.

En 1950, des Journées d'étude en Sciences naturelles sont organisées par le ministère de l'Éducation nationale sur le thème « Les questions d'actualité en évolution, génétique et géologie ». Mais le programme de 1958 (*BO* n° 38, 23/10/1958) ne dit rien de l'apport de la génétique en biologie de l'évolution. Seule, la théorie chromosomique de l'hérédité est présentée comme « *une grande théorie biologique* ». L'enseignement de l'évolution se résume alors à « *l'étude d'un fait paléontologique de l'évolution* », lequel est laissé au choix de l'enseignant.

Dans le programme de 1966 (*BO* n° 31, 4/08/1966), l'évolution occupe une place importante. Quatre points sont évoqués : les grandes étapes de l'évolution de la vie, les faits actuels suggérant l'idée d'évolution, l'origine et évolution de l'homme, et les théories de l'évolution. Priorité est donnée à un descriptif chronologique de la succession des espèces fossiles au cours des temps géologiques. C'est une histoire de la vie décrite en termes événementiels et adaptatifs (apparition des premiers organismes, sortie des eaux, conquête du milieu aérien, etc.). Quant aux théories de l'évolution (lamarckisme et darwinisme), elles sont présentées comme l'aboutissement de l'accumulation croissante des faits d'évolution.

De 1982 à 1994

Les programmes marquent un renouveau avec l'entrée de la génétique et de la biologie moléculaire. La notion de parenté, au niveau moléculaire, est aussi abordée. Autre nouveauté, la spéciation, c'est-à-dire la transformation des espèces, est associée à l'interaction des facteurs endogènes propres aux organismes, et des facteurs exogènes liés aux modifications de l'environnement.

Le programme de 1982 est assez concis, d'un côté les faits : « quelques faits établissant l'idée d'évolution », de l'autre « les théories de l'évolution ». Un historique des théories est présenté de la *Philosophie zoologique* Lamarck (1809) à la théorie synthétique des années 1940-1950.

Le programme de 1988 (*BO* n° 21, 2/06/1988) est plus développé que celui de 1982, puisqu'il s'intéresse aux différentes unités d'évolution (molécules, organismes, populations) et aux interactions entre l'atmosphère, la lithosphère et la biosphère, ainsi qu'à l'hominisation. En revanche, « le problème de l'extinction » des groupes n'est pas au programme. Le mémento historique sur les théories de l'évolution cède la place à l'idée d'une synthèse « Vers une théorie synthétique de l'évolution », rassemblant aussi bien les données anatomiques, embryologique, moléculaires, etc.

Le programme de 1994 (*BO* n° 6 juin 1994) est très développé : histoire de la vie sur Terre, la crise Crétacé-Tertiaire, les relations de parenté, les mécanismes de l'évolution, la lignée humaine. Cependant, il ne fait pas référence à un enseignement de la théorie de l'évolution.

2001

Le programme de 2001 (*BO* HS n° 5, 30/08/2001) est dans le prolongement du programme de 1994. Mais, pour la première fois, est introduite la classification phylogénétique pour établir des liens de parenté entre les espèces à partir de la méthode cladistique :

> « Toutes les espèces vivantes actuelles et toutes les espèces fossiles sont apparentées, mais elles le sont plus ou moins étroitement : recherche de la parenté chez les vertébrés et l'établissement de phylogénies. »

Autre nouveauté, l'association entre des mécanismes évolutifs, et explication de l'évolution. En effet, il est précisé :

> « Cette partie du programme est une ouverture intellectuelle. Elle a pour but d'envisager des hypothèses explicatives de l'évolution des espèces. La complexité des relations possibles entre mécanismes de l'évolution est telle qu'il est impossible d'en donner une vision d'ensemble ou des mécanismes explicatifs. C'est pourquoi, à l'aide de trois exemples ponctuels (sélection naturelle, mutation, gènes homéotiques) il s'agit seulement d'illustrer le fait que des innovations génétiques se traduisent au cours du temps par des modifications du patrimoine génétique des espèces » (Partie : Innovations génétiques et évolution des espèces).

Ce programme s'inscrit aussi dans la continuité du programme de la classe de Seconde (*BO HS* n° 6, 12/08/1999) et de celui de la classe Première ES (*BO HS*, n° 7, 31/08/200) :

> « Les vertébrés présentent des similitudes anatomiques qui se traduisent par un plan d'organisation commun : axes de polarité (antéro-postérieur, dorso-ventral, droite-gauche), disposition des principaux organes par rapport à ces axes [...] Les similitudes aux différents niveaux d'organisation : cellule, molécule d'ADN et organismes conduisent à la notion d'origine commune » (classe de Seconde).
> « il s'agit en premier lieu d'initier les élèves aux méthodes de raisonnement qui permettent d'établir des relations de parenté entre plusieurs espèces ou plusieurs groupes » (classes de Première ES).

En résumé, depuis 1945, les programmes suivent l'actualité scientifique en énonçant différentes unités d'évolution :

- de 1945 à 1966 : les grands groupes (Reptiles, Mammifères, etc.) et les espèces,
- de 1982 à 1994 : les espèces, les populations et le génome,
- en 2001 : le génome, avec les innovations génétiques et les constructions phylogénétiques.

L'enseignement de l'évolution au collège et à l'école primaire

Dans le premier cycle, l'enseignement de l'évolution est relativement récent. Introduit dans les années 1970, en classe de quatrième, il s'inscrit dans un enseignement de la géologie, avec la découverte des fossiles. C'est une histoire narrative du vivant par repérage chronologique : premiers vertébrés, premiers Poissons, premiers Amphibiens, premiers Reptiles, premiers Oiseaux et Mammifères avec des comparaisons de squelettes comme argument de transformation.

Le programme de 2004 au collège (*BO* HS n° 4, 9/09/2004) a reconduit cette « Histoire de la vie, histoire de la Terre », mais en classe de Troisième en précisant :

> « L'histoire de la vie est marquée par la succession et le renouvellement des espèces et des groupes les espèces se sont formées les unes à partir des autres : c'est l'évolution. Tous les êtres vivants ont une origine commune [...] L'Homme, en tant qu'espèce, est apparu sur la Terre en s'inscrivant dans le processus de l'évolution » (classe de Troisième).

Le nouveau programme de 2007 (*BO* HS, n° 6,19/04/2007) fait aussi le lien avec celui de la classe de Seconde :

> « La cellule, unité du vivant, et l'uniformité des instructions du patrimoine génétique dans tous les organismes vivants d'aujourd'hui, Homme compris, indiquent sans ambiguïté une origine primordiale commune. [...] La comparaison des espèces conduit à imaginer entre elles une parenté qui s'explique par l'évolution. »

Le programme de 2004 signale, dès la classe de Sixième, une nouvelle thématique d'enseignement : « Diversité, parentés et unité des êtres vivants ». L'objectif est « de découvrir et d'utiliser la classification actuellement retenue par les scientifiques, qui traduit l'histoire évolutive, les relations de parenté entre les êtres vivants ». Ce programme est en continuité avec celui de l'école primaire de 2002 (*JO*. 10/02/2002) : « Unité et diversité du monde vivant ». Le programme de l'école primaire précise l'étude « des traces de l'évolution des êtres vivants (quelques fossiles typiques) et celle des « grandes étapes d'histoire de la Terre : notion d'évolution des êtres vivants »... « L'observation (directe ou sur documents) de quelques fossiles typiques, comparés avec les espèces actuelles, doit être mise en relation avec l'idée que les espèces aujourd'hui présentes sur la Terre proviennent d'autres espèces qui vivaient autrefois. »

Le programme de l'école primaire de 2008, pour le CM1 et CM2 confirme un enseignement de « L'unité et la diversité du vivant » en précisant trois niveaux de présentation de l'évolution : « Présentation de la biodiversité : recherche de différences entre espèces vivantes. Présentation de l'unité du vivant : recherche de points communs entre espèces vivantes. Présentation de la classification du vivant : interprétation de ressemblances et différences en termes de parenté ». L'objectif est de donner une première approche de l'évolution aux enfants, dès la sortie de l'école primaire.

Aujourd'hui, il existe donc une continuité et une verticalité de l'enseignement de l'évolution qui va de l'école primaire au lycée.

En résumé, plus de cent ans après le début de l'enseignement de l'évolution, le contenu des programmes s'est considérablement enrichi par l'actualisation des connaissances scientifiques. Mais, tout au long de ces décennies, l'approche pédagogique est demeurée inchangée : les faits d'évolution sont décrits indépendamment de la théorie. Autrement dit, la description factuelle de l'évolution l'emporte sur l'explication. Le rapprochement des données anatomiques, embryologiques, génétiques, semble suffire à montrer l'évolution. Cela ne signifie pas que l'évolution n'est pas expliquée, sans quoi cette pédagogie n'aurait pas formé des générations de scientifiques évolutionnistes, mais que l'explication vient en second, après l'énonciation des faits. Si la dichotomie entre faits et théorie a sa raison d'être, tant sur le plan épistémologique que pédagogique, face à la montée des idéologies créationnistes cette séparation est-elle encore opératoire ? Malgré des programmes structurés et adaptés aux publics scolaires, l'enseignement de l'évolution reste un enseignement des résultats scientifiques, en l'occurrence celui des faits d'évolution. Or, ce que les créationnistes attaquent ce ne sont pas les faits mais la théorie, c'est-à-dire les mécanismes explicatifs de la transformation des espèces. Par conséquent, la crédibilité de l'enseignement de l'évolution se joue dans cette tension entre faits et théorie, c'est-à-dire sa capacité pédagogique à expliquer l'histoire du vivant au sein du paradigme de la descendance avec modifications, en articulant faits bruts et mécanismes biologiques. Il s'agit aussi d'introduire la contingence historique, pour rappeler qu'il n'existe pas un ordre immanent de la nature.

TROISIÈME PARTIE

Les enjeux éducatifs

Chapitre 7

Répondre aux questionnements des élèves

L'enseignement de l'évolution ne peut ignorer le questionnement des élèves sur la nature des faits d'évolution et sur la fonction explicative de la théorie. La tension entre les faits anatomiques, embryologiques, moléculaires et la théorie explicative peut du point de vue pédagogique être traitée soit en partant des faits pour arriver à l'explication, soit en partant de l'hypothèse de l'ancêtre commun et en recherchant les données factuelles et expérimentales qui la valident. Entre ces deux approches pédagogiques bien différentes, il existe un continuum avec un va-et-vient entre faits et théorie. Mais, quelles que soient les approches pédagogiques, chacune ouvre la discussion sur trois modalités essentielles de l'accès à la connaissance scientifique : observer, expérimenter, modéliser.

Observer des faits d'évolution, est-ce possible ?

Selon Paul Bert (1833-1886), professeur de physiologie, et ministre de l'Instruction publique en 1881, l'observation relève d'un apprentissage spécifique où l'élève apprend « à voir juste, à ne voir que ce qui est, et à voir tout ce qui est ». Observer n'est donc pas une activité visuelle passive, ou l'énumération de tous les éléments visibles, mais une méthode « pour voir ». C'est un exercice intellectuel, formateur pour l'esprit. Dès lors, l'observation s'accompagne d'une description pour restituer, non seulement ce qui est vu, mais ce qui est significatif au regard du problème posé. En conséquence, l'observation comme « méthode pour voir » impose des choix méthodologiques. Sans quoi, l'observé n'a pas plus de sens que le non-observé. Mais quelles sont alors les méthodes de recensement des données, quelles sont les conditions de l'observation, et peut-on vraiment observer des faits d'évolution ?

L'espèce est-elle un observable ?

Pour le novice l'espèce est décrite à partir des ressemblances partagées entre individus. L'observation est ainsi focalisée sur la comparaison entre ressemblances et dissemblances pour construire des catégories. Si deux organismes se ressemblent fortement, ils sont ainsi regroupés dans la même catégorie « chat », « chien », « lapin », etc. Cependant, ce critère de ressemblance ne peut s'appliquer à des espèces dites jumelles, très semblables morphologiquement, et pourtant distinctes. Comment les distinguer ? Quel(s) critère(s) utiliser ?

Le critère biologique de l'appartenance à une espèce est l'interfécondité. Par exemple, les chiens domestiques, bien que très dissemblables appartiennent à une même espèce, car ils se reproduisent entre eux. L'espèce humaine, elle aussi très polymorphe, en est un autre exemple. Progressivement, l'observation se déplace de la description des ressemblances à celles des dissemblances, puis aux limites de l'interfécondité. Cependant, le critère de ressemblance demeure très utile, et même indispensable en paléontologie[1], pour identifier les espèces fossiles. En effet, en l'absence de croisements possibles entre les organismes, difficile d'appliquer le critère d'interfécondité !

Ainsi, l'espèce apparaît, non pas comme un observable, mais comme un observé reconstruit. Cela ne signifie pas que l'espèce n'a pas de réalité matérielle. Seulement que, les critères de reconnaissance sont des constructions intellectuelles, soumises à discussions et vérifications. Dans le schéma fixiste, l'espèce est conçue comme un système clos, composé d'individus définitivement adaptés à un milieu de vie donné. Dans le schéma évolutionniste, l'espèce est conçue comme un système ouvert où l'adaptation n'est que provisoire. L'espèce ne doit donc pas être chosifiée en un objet naturel réductible à des observables, car elle n'est qu'un instantané d'un continuum génétique.

1. Les espèces paléontologiques sont décrites à partir d'analyses statistiques.

Peut-on observer la transformation des espèces ?

Quand Darwin publie *L'Origine des espèces*, le premier reproche qui lui soit adressé est de ne pas avoir trouvé les fossiles de transition, que prévoit sa théorie. À l'époque, les recherches paléontologiques n'avaient pas encore mis à jour ces fossiles dits « intermédiaires ». Faute de pouvoir les observer, les anatomistes et les paléontologues rejetèrent définitivement la théorie de l'évolution comme le fit l'éminent professeur R. Owen (1804-1892), directeur du *British Museum*. L'exhumation de fossiles, témoins de la transformation des espèces, était alors un préalable nécessaire à l'acceptation de la théorie. Cependant, la découverte de l'*Archaeopteryx*, dès l'année 1861, ne régla pas la question. Bien que ce fossile présente à la fois des caractéristiques reptiliennes (dents, queue, 3 doigts sur la patte avant, etc.) et aviennes (plumes, ailes, etc.), les zoologistes s'interrogèrent et débattirent longuement pour savoir s'il s'agissait, réellement, d'une espèce marquant le passage des Reptiles aux Oiseaux ou pas.

Pour les anti-darwiniens, ce fossile appartenait à l'une des deux classes : Reptile pour les uns, Oiseau pour les autres. Ainsi, J.A. Wagner (1797-1861), directeur du musée de Paléontologie de Munich, privilégia les caractères reptiliens et le nomma *Griphosaurus*, c'est-à-dire « lézard caché », afin de souligner son côté reptilien. Tandis que Richard Owen accorda de l'importance aux plumes et aux ailes. Il reconnaissait en *Archaeopteryx* un oiseau à part entière.

Pour les darwiniens, il s'agissait là d'une forme de transition telle que l'énonçait la théorie darwinienne.

Ainsi, la seule observation des fossiles n'induit pas, *ipso facto*, l'idée d'évolution. En revanche, la théorie de l'évolution a permis de reconnaître, dans les particularités anatomiques des fossiles, des exemples possibles de la transformation des organismes au cours du temps.

Autre exemple, celui des homininés. Les premiers homininés connus sont les Australopithèques (entre 4,5 et 1 mA) caractérisés par une bipédie permanente, l'Homme habile (*Homo habilis* entre 2,4 et 1,6 mA) producteur d'outils, l'Homme redressé (*Homo erectus* entre 1,8-0,5 mA) capable de produire du feu, et enfin les Néandertaliens (*Homo néanderthalensis* entre 120000 et 35000 ans), et l'Homme moderne depuis Cro-Magnon (*Homo sapiens* de 100000 ans à aujourd'hui) producteur d'activités culturelles (rites funéraires, peintures, sculptures, etc.). Les informations anatomiques et culturelles, corrélées avec l'âge des différents fossiles, constituent-elles une mise en évidence de l'évolution des homininés au cours du temps ? On serait tenté de dire, oui.

En effet, l'augmentation du volume crânien, de la taille, de la position redressée, du développement des activités culturelles fait penser à un continuum du plus primitif au plus évolué. Mais ces transformations sont-elles des modifications d'une même et seule espèce, comme le pensent souvent les élèves, ou bien le signe d'une différenciation évolutive comme l'expliquent les scientifiques ?

Si la chronologie des différents homininés fossiles permet de visualiser l'augmentation de la taille et du volume cérébral au cours du temps, on peut aussi procéder autrement. Remarquer, par exemple, que les Australopithèques ont cohabité avec *l'Homo habilis*, de même les Néandertaliens avec les Cro-Magnons. Selon la hiérarchie des observables que l'on choisit, on obtient soit une évolution rectiligne et continue par transformations graduelles et progressives des homininés, soit une évolution buissonnante, c'est-à-dire une ramification des transformations.

Ces deux schémas évolutifs ne disent pas tout à fait la même chose. L'un met l'accent sur un continuum de transformations, l'autre sur de possibles liens de parenté entre les différentes espèces. Ainsi, à partir des mêmes données factuelles, il est possible d'envisager une transformation directionnelle ou buissonnante des espèces. Contrairement aux apparences, l'observation n'est donc pas une chambre d'enregistrement passive.

De l'observation des mêmes données anatomiques, les élèves interprètent eux aussi la transformation des homininés, au cours des temps géologique, soit comme une métamorphose d'une même espèce par complexification, soit comme des exemples de formation de nouvelles espèces.

Pour que ces données soient identifiées comme faits d'évolution, il faut inscrire l'observation des fossiles dans une recherche des liens de parenté.

En réalité on ne peut observer, *de visu*, la transformation des espèces. Mais on peut l'observer, *a posteriori*, par l'analyse critique des faits bruts, en les interrogeant pour savoir s'il est possible de les requalifier en faits significatifs d'évolution.

Peut-on observer la sélection naturelle ?

La sélection naturelle n'est pas un fait observable. Seuls les effets de la sélection peuvent être observés : la mort des individus ou l'adaptation à de nouvelles conditions environnementales. C'est une des raisons pour lesquelles le concept de sélection naturelle a eu tant de difficultés à s'imposer. Cependant, dans la nature, il est possible d'observer concrètement l'action de la sélection. Par exemple, la répartition écologique de l'escargot des haies interroge sur les causes de cette répartition. Est-elle aléatoire ou bien correspond-elle à une pression de l'environnement ou à une pression de sélection ?

L'escargot des haies (*Cepaea nemoralis*) présente un polymorphisme caractérisé par des différences de couleurs (jaune ou rose) et un nombre variable de bandes sur la coquille. Les formes sombres sont plus nombreuses en milieu forestier et les formes claires en milieu de prairie. Comment expliquer cette répartition ?

La répartition des formes claires et sombres est liée à l'impact de la prédation. En milieu forestier, les escargots clairs sont plus visibles et sont vite repérés par les oiseaux prédateurs ; et en milieu ouvert, type prairie, les escargots sombres sont plus visibles par les prédateurs. Les facteurs climatiques entrent aussi en jeu : les formes claires résistent mieux à la chaleur et sont présentes dans les prairies, tandis que les formes sombres résistent moins bien à la chaleur et se concentrent en forêt.

La répartition des formes claires et sombres, en fonction du milieu de vie, est un exemple d'adaptation des organismes à leur milieu de vie (prairie ou forêt) ; et la prédation un exemple des relations alimentaires. Mais cette répartition des escargots sombres et clairs, en fonction du milieu de vie, n'est pas pour autant « prédéterminée ». Elle est un résultat historique de l'action de la sélection naturelle.

Les escargots clairs, en milieu de prairie, se reproduisent davantage que les escargots sombres, car ils subissent moins la pression de prédation et résistent mieux à la chaleur. Quant aux formes sombres, elles se reproduisent davantage en milieu forestier, car elles sont plus difficilement repérées par les prédateurs. Il n'y a donc pas une couleur spécifique pour un milieu donné, mais une répartition liée à une reproduction différentielle des escargots, en fonction des conditions du milieu. Cette répartition n'est autre que la conséquence de l'action de la sélection naturelle.

L'homologie est-elle un observable ?

L'homologie est un concept central en biologie de l'évolution, tout autant que celui de la sélection naturelle. Deux structures, par exemple le bras de l'homme et l'aile des oiseaux sont dites homologues, selon trois critères :

- anatomique : toutes deux sont composées des mêmes os, en même position,
- embryologique : toutes deux ont la même origine embryonnaire,
- non-coexistence : toutes deux n'existent pas chez le même organisme.

Si l'on en reste là, l'homologie n'est pas un concept évolutionniste, mais un concept de l'anatomie ou de l'embryologie comparées décrivant des correspondances embryo-anatomiques. Il ne devient un concept évolutionniste que si l'on précise que ces structures sont dites homologues car héritées d'un ancêtre commun à l'homme et aux oiseaux.

Il ne suffit donc pas de dire aux élèves : « regardez et voyez, ces structures sont homologues », à moins de vouloir transformer l'homologie en une simple connexion d'organes, comme le concevaient déjà les fixistes.

L'homologie au niveau moléculaire présente les mêmes difficultés. En classe, les élèves sont amenés à comparer des séquences de nucléotides d'un gène donné, ayant même fonction chez différentes espèces ; et à compter le nombre de nucléotides communs (ou différents), pour chaque position. De cette comparaison, on en conclut que ces gènes sont homologues, du fait qu'ils partagent la même fonction et parce qu'ils sont fortement similaires. Implicitement, l'observation de la similitude et de la même fonction devient homologie.

Résultat, il n'est pas rare de voir sur les copies des élèves : « plus les séquences d'acides aminés se ressemblent et plus les gènes sont homologues » (Terminale S). Dans ce cas, l'élève confond le degré de similitude avec l'homologie. Il pense qu'il existe un degré d'homologie, tout comme il existe un degré de ressemblance. Si l'on suit sa pensée, les gènes seraient plus ou moins homologues car plus ou moins ressemblants. Or, l'homologie est un absolu : les gènes sont homologues ou ne le sont pas.

Ce contresens illustre les limites de la « monstration » pédagogique de l'homologie. À vouloir « montrer » l'évolution, avant même de l'avoir expliquée par les mécanismes évolutifs, on en vient parfois à imposer le concept d'homologie comme un observable. En réalité, des structures sont homologues, parce qu'elles sont héritées d'un ancêtre commun, d'où une unité de l'organisation du vivant. L'homologie n'est donc pas issue d'une observation directe, mais elle est déduite de la théorie de la descendance avec modifications où les espèces dérivant les unes des autres, héritent de structures anatomiques et génomiques communes.

Comment expérimenter l'évolution ?

Une des difficultés pédagogiques évoquées par les enseignants est l'impossibilité de s'appuyer, en classe, sur des expériences d'évolution. En réalité, l'impossibilité à reconstituer expérimentalement la transformation historique du vivant ne constitue pas, en soi, une limite à l'expérimentation. Ce qui est expérimenté, ce n'est pas la reconstitution de l'histoire du vivant, mais la mise à l'épreuve de l'hypothèse de la « descendance avec modifications ». En ce sens, expérimenter, c'est investiguer et tester les modalités de formation des espèces à partir de mécanismes biologiques (mutation, sélection, etc.).

Toute expérimentation consiste à perturber un système en modifiant les conditions naturelles. En physiologie, par exemple, le système est un organisme que l'on perturbe par l'ablation et/ou la greffe d'organes pour déterminer la fonction biologique de l'organe étudié. En biologie de l'évolution, on provoque aussi des perturbations pour connaître les mécanismes en jeu : effet d'une mutation, interaction entre milieu et sélection, etc.

Expérimenter la sélection naturelle

Les effets de la sélection naturelle ont été expérimentés en laboratoire avec la résistance aux antibiotiques. Contrairement à ce que croient souvent les élèves, les bactéries ne « s'habituent » pas avec le temps à l'antibiotique. L'usage de l'antibiotique ne confère pas, en soi, une adaptation de la bactérie et une perte d'efficacité de l'antibiotique. La résistance aux antibiotiques s'explique dans le schéma darwinien de la sélection naturelle. La résistance à l'antibiotique est une variation que possèdent certaines bactéries avant tout contact avec celui-ci. Les travaux de S. Luria (1912-1991) et M. Delbruck (1906-1986), dans les années 1940, ont montré qu'il existait, en effet, des souches bactériennes résistantes à un antibiotique donné, préalablement à tout contact avec celui-ci.

En présence de l'antibiotique, seules les bactéries génétiquement résistantes se développent, les autres meurent. En l'absence de l'antibiotique, les populations résistantes ne se multiplient pas davantage que les autres. En conséquence, les bactéries résistantes se reproduisent davantage que les non-résistantes, en présence de l'antibiotique.

Le même phénomène de résistance des insectes aux insecticides est aussi le résultat de l'action de la sélection naturelle, et non pas celui de l'*habitus*. La sélection retient, en fonction du milieu, les souches qui se reproduisent le mieux, car elles possèdent déjà des allèles qui leur confèrent une résistance, tandis que les autres meurent de l'action de l'antibiotique ou du pesticide en l'absence de ces allèles.

Produire expérimentalement de nouvelles espèces

S'il est difficile d'observer, dans la nature, la naissance de nouvelles espèces, en laboratoire, il est possible de produire de nouvelles espèces, en particulier chez les végétaux, par hybridation de deux espèces. C'est le cas notamment du tabac (*Nicotiana tabacum*) obtenu par croisement entre deux autres espèces *N. sylvestris* et *N. tomen-*

tosiformis. La production de cette nouvelle espèce se fait en doublant le stock chromosomique des hybrides stériles. Cela a aussi été réalisé avec le chou et le radis pour donner le radis noir fertile.

Des études sur les mouches drosophiles ont aussi montré que l'isolement de petites colonies élevées en cage de populations (Tessier 1933, Dobzhansky 1957, Powell, 1978) pendant plusieurs générations, conduit à des modifications génétiques. Avec le temps, l'accumulation de ces modifications, par sélection, peut donner des espèces naissantes.

L'Héritier et Tessier en 1933 ont soumis des mouches drosophiles, dans des cages à populations, à des variations de nourritures sur plusieurs générations. Sous l'effet de la sélection, les fréquences alléliques de certains gènes se modifient, soit par perte de certains allèles, soit par augmentation de la fréquence de certains allèles, soit encore à l'accumulation de nouvelles mutations. De génération en génération, on assiste à un changement de fréquence des allèles. Ces modifications du génome, en conditions expérimentales, ne produisent pas de nouvelles espèces, car le temps manque – plusieurs milliers ou millions d'années – pour en voir le résultat. Mais ces travaux dans la continuité des analyses de Carson sur les drosophiles d'Hawaï (1976, 1984, 1987, 1995) ont montré que les modifications sélectionnées sur plusieurs décennies sont suffisantes pour obtenir des espèces endémiques dans les îles hawaïennes.

Expérimenter les liens de parenté entre les espèces

Il est aussi possible d'expérimenter en manipulant des objets concrets que sont des caractères anatomiques, paléontologiques, embryologiques, cytologiques, génétiques, etc., dans une visée classificatoire. Placer la classification, comme mode d'expérimentation peut surprendre. Mais classifier, c'est aussi d'une certaine manière expérimenter. Quand il est demandé aux élèves d'utiliser la classification phylogénétique à partir de la comparaison de caractères anatomiques, physiologiques ou moléculaires, on fait implicitement référence à des choix méthodologiques issus de la problématique évolutionniste. Aussi, classifier n'est pas inventorier les espèces pour ensuite les ranger dans des catégories, c'est tenter de rendre compte de l'histoire du vivant en manipulant les caractères anatomiques, embryologiques et moléculaires des organismes.

Au XVIIIe siècle, quand le botaniste suédois Carl von Linné (1707-1778) établit sa *Systema naturae*, il avait pour objectif d'identifier les espèces, de façon pragmatique et universelle. Mais sa classification n'est pas seulement un recensement des espèces, comme on le faisait dans les cabinets d'histoire naturelle aux XVIIe et XVIIIe siècles. Pour Linné, c'est d'abord désigner les espèces selon une nomenclature précise, avec un nom de *Genre* et un nom d'*Espèce*, et hiérarchiser les caractères étudiés. C'est pourquoi sa classification repose sur une nomenclature par emboîtement de catégories : l'espèce, le genre, l'ordre, la classe, l'embranchement. Par exemple, le Coq de bruyère appartient à l'espèce *urogallus*, au genre Tétrao, à l'ordre des Galliformes, à la classe des Oiseaux, et à l'embranchement des Vertébrés.

La hiérarchie des différentes catégories de cette classification (règne, classe, etc.) n'est pas strictement descriptive. Elle a aussi une signification biologique qui sera reprise par Lamarck et Darwin pour construire des arbres suggérant des relations de descendance entre les espèces.

Jusqu'alors intemporelle, la classification linnéenne prend une dimension historique et phylogénétique avec la théorie de l'évolution. Au XXe siècle, dans les années 1950-1960, soit presque cent ans après *L'Origine des espèces*, l'entomologiste W. Hennig propose une investigation de la classification à partir de la théorie de l'évolution.

En distinguant un état « *primitif* » et un état « *dérivé* » des caractères homologues, Hennig va déterminer des liens de proximité entre les espèces. Il met ainsi en évidence que les Crocodiles traditionnellement regroupés au sein des Reptiles, en raison de leur apparence morpho-anatomique, sont en réalité plus proches des Oiseaux qu'ils ne le sont des Reptiles. Ils partagent, en effet, avec les Oiseaux des états dérivés (ex : le cloisonnement interventriculaire du cœur) qu'ils ne partagent pas avec les Reptiles.

La classification de Hennig permet ainsi de différencier les espèces qui sont issues d'un ancêtre commun exclusif (groupe mono-phylétique) de celles qui n'en sont pas issues (groupe paraphylétique). Par exemple : crocodiliens et oiseaux sont un groupe mono-phyllétique et crocodiliens et lézards un groupe para-phyllétique. La classification linnéenne ne permettait pas d'établir cette distinction, car elle ne prenait pas en compte le schéma darwinien de la descendance avec modifications.

Expérimenter l'évolution, au travers de la classification, aide les élèves à comprendre que les liens de parenté entre espèces sont donc testables, et peuvent être soumis à la réfutation. Ainsi, les Dipneustes, longtemps considérés comme plus proche des « poissons » en raison de la présence d'écailles, de nageoires, de branchies, sont, en réalité, plus proches des Tétrapodes (Amphibiens, Reptiles, les Oiseaux, les Mammifères) que des « poissons », car ils possèdent et partagent avec les Tétrapodes des caractères à l'état dérivé, parmi lesquels la présence de poumons fonctionnels.

Avant la classification de Hennig, Dipneustes et Coelacanthe étaient analysés comme des variantes des formes ancestrales des Tétrapodes. En effet, les Dipneustes ont longtemps été considérés comme des « poissons » puis comme des formes de transition entre les « poissons » et les Tétrapodes, car qu'ils possèdent, à la fois, des branchies et des poumons fonctionnels, et leurs nageoires antérieures présentent l'ébauche d'une patte.

Le Coelacanthe, connu sous forme fossile, vers 400 millions d'années, a lui aussi été désigné comme une forme de transition entre les « poissons » et les Tétrapodes, en raison des nageoires antérieures qui présentent une ébauche de pattes. Mais la découverte en 1938 de Coelacanthes vivants, au large de Madagascar, a aussi mis en évidence une ébauche de poumons. La classification phylogénétique a ainsi permis d'expérimenter les rapports de parenté entre Dipneustes, Coelacanthe et les Tétrapodes.

En résumé, Dipneuste et Coelacanthe sont plus apparentés, et plus proches des Tétrapodes, qu'ils ne le sont des « Poissons », car ils partagent avec les Tétrapodes des caractères à l'état dérivé telles que, la présence de poumons et de pattes rudimentaires. Cependant, ni l'un ni l'autre ne sont les ancêtres des Tétrapodes, au sens où aucun des deux n'a donné naissance aux Tétrapodes.

Un obstacle important à la compréhension de la classification phylogénétique est la confusion récurrente entre ancêtre et parent. Les créationnistes entretiennent cette confusion en retournant l'argument évolutionniste : si l'homme et le chimpanzé partagent près de 98 % de leurs gènes, cela signifie, disent-ils, que le singe est l'ancêtre de l'homme, mais alors pourquoi tous les singes ne sont-ils pas devenus homme ? L'intérêt pédagogique de la classification est justement de dépasser la caricature et la confusion.

La classification ne dit pas « *qui descend de qui* », mais « *qui est plus proche de qui* ». Contrairement à ce que prétendent les créationnistes, la classification ne donne pas nécessairement l'ancêtre, mais « expérimente » les relations de parenté entre les espèces fossiles et actuelles. Expérimenter signifie ici faire varier l'état des caractères dits primitifs et dérivés : primitif pour désigner un état ancien et dérivé pour désigner un état plus récent. Par exemple, la position du trou occipital où s'insère la colonne vertébrale est excentrée chez les singes : c'est un état primitif, mais il est centré chez les homininés, c'est un état dérivé. L'introduction des variables « primitif » et « dérivé » forme de nouveaux liens de proximité entre les espèces et met ainsi en évidence de possibles liens de parenté.

Pourquoi modéliser ?

L'observation permet d'appréhender la diversité du vivant, et l'expérimentation de tester les mécanismes évolutifs ou les liens de parenté. Reste à expliquer en quoi l'action de la sélection naturelle contribue à la formation de nouvelles espèces. La modélisation, comme simulation, permet d'expliquer des effets de la mutation, de la sélection dans le processus évolutif.

Modéliser l'action de la sélection naturelle dans la spéciation

Comment à partir de la biodiversité actuelle peut-on simuler, rétroactivement, les effets passés de la sélection naturelle ? Darwin a proposé une simulation de l'histoire de la biodiversité en prenant appui sur l'exemple des espèces « Pinson » des îles Galapagos :

> « L'archipel Galapagos est situé sous l'équateur, à 500 ou 600 milles des côtes de l'Amérique du Sud [...] Sur vingt-six oiseaux terrestres, vingt et un, ou peut-être même vingt-trois, sont considérés comme des espèces

> distinctes, telles qu'on les suppose créés dans le même lieu ; pourtant rien n'est plus manifeste que l'affinité étroite qu'ils présentent avec les oiseaux américains par tous leurs caractères, par leurs mœurs, leurs gestes et les intonations de leur voix [...]. Pourquoi en est-il ainsi ?
> Pourquoi ces espèces qu'on suppose avoir été créé dans l'archipel Galapagos, et nulle part ailleurs, portent-elles si évidemment cette empreinte d'affinité avec les espèces créées en Amérique ? [...]. La théorie des créations indépendantes ne peut fournir aucune explication de faits de cette nature. Il est évident, au contraire, d'après la théorie que nous soutenons, que les îles Galapagos, soit par la suite d'une ancienne continuité avec la terre ferme [...], soit par des moyens de transport éventuels, ont dû recevoir leurs habitants d'Amérique [...], ont dû subirent des modifications, mais ils trahissent toujours leur lieu d'origine en vertu du principe d'hérédité. [...].
> D'après ma théorie, ces divers rapports dans le temps comme dans l'espace sont très intelligibles ; car, soit que nous considérions les formes alliées de la vie qui se sont modifiées pendant des âges successifs, soit celles qui se sont modifiées après avoir émigré dans des régions éloignées, les formes n'en sont pas moins, dans les deux cas, rattachées les unes aux autres par le lien ordinaire de la génération ; dans les deux cas, les lois de la variation ont été les mêmes, et les modifications ont été accumulées en vertu de la même loi, la sélection naturelle » (*L'Origine des espèces,* 1859).

Il est possible, dans une perspective pédagogique, de proposer une simulation de l'action de la sélection naturelle, (Lack 1947, Grant 1963 et 1994). On retiendra comme paramètres de la simulation :

- les observables : nombre d'espèces actuelles, nombre d'îles, formes des becs, ressources disponibles dans chaque île, etc.,
- l'hypothèse d'une origine commune : une population-souche originaire d'Amérique du Sud,
- un schéma de fragmentation de la population-souche, par isolement géographique, sur les différentes îles,
- le facteur temps (plusieurs millions d'années),
- les variations (= mutations) des populations isolées, au cours du temps,
- l'exploitation des ressources sur chacune des îles par les pinsons.

La mise en relation des paramètres peut se résumer ainsi : la fragmentation de la population-souche, par isolement géographique sur les différentes îles, conduit à l'accumulation, par sélection, de mutations indépendantes de chacune des îles. L'action de la sélection naturelle peut être simulée par une plus grande reproduction des individus porteurs de mutations. Mutations qui permettent une meilleure exploitation des ressources alimentaires au sein de chaque île.

Les effets de la sélection peuvent être décrits à deux niveaux : l'isolement géographique des populations insulaires et l'isolement reproductif. Dans ce modèle, chaque population insulaire se différencie des autres par accumulation de mutations, au cours des générations, par sélection. À la barrière géographique succède la barrière de la reproduction. L'interfécondité entre populations devient impossible, il y a alors formation d'espèces distinctes.

Ce modèle, très simplifié, rend compte néanmoins de l'adaptation au milieu des différentes espèces de Pinson. De plus, il est généralisable à toute population qui se trouve isolée durant plusieurs milliers ou millions d'années. On peut cependant objecter que les pinsons ne sont pas contraints à un isolement géographique. Par le vol, ils peuvent se déplacer d'une île à l'autre. Des croisements entre populations des différentes îles ont donc pu et dû se produire. Dans ce cas, les échanges génétiques entre populations n'auraient pas dû s'interrompre, et l'on devrait trouver une seule espèce avec différentes variétés. Aussi, la mobilité des populations est un autre paramètre à intégrer au modèle. Il ne suffit pas seulement d'une fragmentation spatiale.

Mais à la barrière géographique s'ajoute une barrière écologique. Les populations cherchent localement les ressources qui leur sont nécessaires pour survivre et se reproduire. Or, les îles de l'archipel des Galapagos ne possèdent pas un environnement homogène. À l'intérieur de chaque île existent différents habitats avec différentes ressources, d'où la spécialisation du bec des différentes espèces de Pinson en relation avec leur régime alimentaire. À la barrière géographique qui est une première contrainte sélective s'ajoute aussi une barrière écologique, laquelle renforce l'isolement reproductif. Les pinsons se reproduisent sur place, localement, là où les ressources sont disponibles.

Le modèle de la sélection naturelle reste donc pertinent et continue de fonctionner. Les pinsons accumulent des mutations qui favorisent une meilleure exploitation des ressources locales, d'où la spécialisation des becs et la diversification des populations, etc. Avec le temps, la divergence génétique des populations va jusqu'à une rupture du flux génique, donnant naissance à de nouvelles espèces adaptées aux conditions écologiques locales des îles.

Ce modèle de la spéciation géographique et écologique est monocentrique, c'est-à-dire qu'il n'utilise qu'une seule population-souche, ici d'origine continentale, pour expliquer la formation de nouvelles espèces sur les îles Galapagos.

Un modèle polycentrique serait-il possible ? Avec préexistence d'espèces séparées pour chacune des îles, et aussi au sein de chaque île. Ce modèle est peu parcimonieux, car il suppose des hypothèses *ad hoc* non testables, à savoir la création d'espèces ou la « génération spontanée » des espèces sur chacune des îles.

Aussi, le modèle de l'évolution des espèces, par sélection naturelle, est-il une représentation fonctionnelle et testable de l'histoire de la formation des espèces actuelles, car il apporte une prédiction rétroactive : toutes les espèces actuelles sont issues d'un ancêtre commun.

Au terme de ce rapide parcours des approches pédagogique et épistémologique de l'évolution, il conviendrait sans doute de renverser ou d'intervertir l'ordre initialement annoncé : de l'observation à la modélisation. En effet, la succession « observation/expérimentation/modélisation » laisse supposer une progression spontanée du concret vers l'abstrait. En réalité, l'observation des faits d'évolution ne s'impose pas d'elle-même, et l'expérimentation autant que la modélisation s'effectue, chacune, dans le cadre de la réfutation de la théorie de l'évolution.

Pour conclure ce chapitre, la théorie de l'évolution est une explication du processus évolutif. Elle n'est pas induite par l'observation des faits bruts ni par celle des résultats expérimentaux, mais par un jeu de va-et-vient entre les mécanismes explicatifs de l'évolution qui peuvent être expérimentés ou simulés et les données brutes observées.

« Pour être un bon observateur, il faut être un bon théoricien »

On prête à Darwin cette phrase qui, à elle seule, résume les enjeux de l'enseignement de l'évolution. Si l'observation est un passage obligé de l'activité scientifique, elle ne débouche pas, *de facto*, sur une heuristique, c'est-à-dire qu'elle ne produit pas nécessairement de nouveaux concepts scientifiques pour expliquer le vivant.

Désigner à l'avance une succession de fossiles ou l'organisation des Vertébrés comme des faits d'évolution, c'est prendre le pas sur l'explication. Est-ce à dire que l'observation n'apporte rien à l'enseignement de l'évolution ? Bien au contraire, elle participe activement à la construction du savoir en apportant des données. Mais elle ne permet pas de valider ou d'infirmer l'évolution. Ce n'est que par la mise en relation des données recueillies, dans un cadre explicatif, que la théorie donnera sens, transformant le fait brut en un fait scientifique causalement expliqué.

En affirmant que l'évolution est un fait scientifiquement établi, la démarche pédagogique vise à faire « redécouvrir » aux élèves les arguments en faveur de l'évolution. Elle propose ainsi une science où sont masquées les impasses méthodologiques, les expérimentations avortées, les détours intellectuels, etc. À vouloir « montrer » l'évolution comme une évidence « visuelle », on chosifie les concepts et les mécanismes évolutifs. Au risque de confondre, dès lors, le concept et son action : confusion entre sélection naturelle et prédation ou confusion entre adaptation et spéciation.

Si le discours anti-évolutionniste s'attaque autant à la théorie de l'évolution, c'est que les créationnistes savent pertinemment que le danger vient non pas de faits bruts, mais de l'explication de l'histoire des espèces par la théorie l'évolution. Les faits bruts, seuls, ne parlent pas. Seule, la théorie peut les faire parler. Sa force heuristique est d'utiliser avec succès l'observation, l'expérimentation et la modélisation comme autant de méthodes pour éprouver l'hypothèse de la descendance avec modifications. En absence de la théorie, toute explication rationnelle disparaît, il ne reste alors que la croyance ou la supputation.

En résumé, énoncer les faits d'évolution ne donne aucun moyen opératoire à l'élève de s'approprier la théorie ni d'apporter une critique pertinente aux arguments anti-évolutionnistes : opposer les faits à d'autres faits n'a pas grand sens. Ce qui donne sens, c'est l'explication, plus précisément la capacité de la science à tester et à valider le modèle évolutionniste.

Avant d'observer les faits d'évolution, il faut disposer d'une grille de lecture, en termes de connaissances et de méthodes permettant de valider l'hypothèse de filiation des espèces. De ce point de vue, Darwin avait raison, l'observation des faits d'évolution n'est pas première. Elle est la conséquence de l'explication proposée par la théorie de la sélection naturelle et de sa mise à l'épreuve expérimentale.

Chapitre 8

Les approches et pistes pédagogiques possibles

À l'heure où les élèves naviguent sur la « toile » et accèdent à des sites créationnistes, il est important qu'ils puissent distinguer ce qui relève de l'argumentaire scientifique (concepts, méthodes, etc.) et ce qui relève de la croyance. Aujourd'hui, peut-être encore plus qu'hier, dans un contexte où la science soulève parfois l'incompréhension de l'opinion, voire la défiance, l'argumentation scientifique gagne à être replacée dans une perspective historique et socioculturelle.

La mise en place du socle commun de connaissances et de compétences (*JO* n° 160, 12 juillet 2006), dans le cadre de la loi d'orientation et de programme pour l'avenir de l'École du 23 avril 2005, inclut cette dimension historique des savoirs :

> « La présentation de l'histoire de l'élaboration des concepts, en mobilisant les ressources de toutes les disciplines concernées, constitue un moyen efficace d'aborder la complexité : la perspective historique contribue à donner une vision cohérente des sciences et des techniques ainsi que de leur développement conjoint. »

L'entrée historique permet ainsi de pointer que la science est en quête de connaissances et que la théorie de l'évolution est un modèle explicatif de l'histoire du vivant, toujours discutable et rectifiable. L'approche historique est aussi un levier pour engager un processus de dépassement des obstacles. La levée des obstacles est en soi un objectif d'enseignement; ce que J-.L. Martinand[1] (1986) appelle un « objectif-obstacle ». Il s'agit de réorganiser le contenu

1. Martinand J.-L. (1986). *Connaître et transformer la matière*, Berne, Peter Lang.

de savoir dans le cadre d'une transposition didactique[1] (Chevallard et Joshua, 1991 ; Mathy, 1997) ou processus de transformation du savoir savant en un savoir objet de pratiques d'apprentissage. L'entrée historique participe à ce processus de transformation, mais elle n'est pas une panacée pédagogique. Elle a aussi ses limites. Il ne s'agit pas d'ajouter une discipline supplémentaire – l'histoire des sciences – mais de situer l'activité scientifique comme une production socioculturelle et historique. Au-delà du descriptif de l'histoire d'une découverte, son intérêt pédagogique est de mettre en contexte la recherche scientifique, avec ses avancées et ses échecs.

Les pistes pédagogiques proposées ci-dessous ne constituent aucunement un exemple de progressions pédagogiques ni une illustration des programmes scolaires. Chacune interroge l'hypothèse de la transformation des espèces et la validité du modèle évolutionniste. Pour chaque niveau d'enseignement, l'entrée historique peut contribuer à une approche concrète et rationnelle des savoirs scientifiques.

Pistes pour l'école primaire

En cycle 3, de l'école primaire, l'objectif est de « parvenir à une première approche de la notion d'évolution à partir de l'unité du vivant, caractérisée par la mise en évidence de quelques grands traits communs, puis de sa diversité, illustrée par l'observation de différences, le tout conduisant aux notions d'espèces et de classification » (*BO*, HS, n° 5, 12 avril 2007). L'application du nouveau programme pour la rentrée 2008 annonce une « Présentation de la biodiversité : recherche de différences entre espèces vivantes. Présentation de l'unité du vivant : recherche de points communs entre espèces vivantes. Présentation de la classification du vivant : interprétation de ressemblances et différences en termes de parenté ». C'est donc une introduction à l'évolution où sont associées unité et parenté des organismes.

1. Chevallard Y. & Josha M.-A. (1991). *La transposition didactique, du savoir savant au savoir enseigné*, Grenoble, La Pensée sauvage. Mathy P. (1997). *Donner du sens aux cours de sciences, Des outils pour la formation éthique et épistémologique des enseignants*, PED, De Boeck Université.

L'entrée historique : le voyage de Darwin à bord du Beagle

Une recherche documentaire sur la vie de Darwin et de son voyage à bord du *Beagle* (1831-1836) permet d'introduire le contexte sociohistorique de l'Europe au XIXe siècle. Darwin, âgé de vingt-trois ans, embarque à bord du *Beagle* à la demande du capitaine Robert Fitz-Roy alors à la recherche d'un naturaliste pour l'accompagner dans sa mission de cartographie de l'Amérique du Sud. Au cours des différentes escales du *Beagle*, Darwin visite l'Uruguay, l'Argentine, la Terre de Feu, le Chili, le Pérou, Tahiti, la Nouvelle-Zélande, l'Australie,; le Cap, etc. Il collecte des fossiles, et s'intéresse à la construction des récifs coralliens, explore la faune et la flore des forêts tropicales, étudie la géologie des Andes, etc. Chacune de ces étapes devient une véritable expédition scientifique.

En retraçant l'itinéraire du *Beagle*, avec ses arrêts successifs, les élèves découvrent la biodiversité actuelle mais aussi fossile telle que l'a décrit Darwin. Son activité de « naturaliste-explorateur » est aussi l'occasion de s'interroger sur l'intérêt scientifique de ce voyage en comparaison avec les expéditions récentes menées par le Muséum national d'Histoire naturelle à « Santo », en 2006 (archipel mélanésien de Vanuata) ou bien encore dans les « mers australes » en 2008.

Le voyage de Darwin est aussi un moyen d'initier les élèves à un questionnement sur l'intérêt à collecter des données. Pourquoi les chercheurs de l'expédition « Santo » ont-ils cherché, tout comme Darwin en son temps, à faire un inventaire des êtres vivants ? Pourquoi recenser les espèces ?

D'abord pour faire un état des lieux des espèces existantes. Mais aussi, pour découvrir des espèces éteintes, comme l'oiseau appelé le Dodo sur l'île Maurice et exterminé, au XVIIIe siècle, par les colons ou pour découvrir de nouvelles espèces jusqu'alors ignorées des scientifiques.

Poser quelques repères temporels de l'histoire de la vie

Même si la notion de temps est difficilement accessible aux enfants, ils perçoivent qu'il existe une histoire du vivant. La construction d'une « frise » permet de poser les jalons d'une chronologie des temps géologiques en relation avec des organismes fossiles : premières cellules, premiers organismes marins, premiers organismes terrestres, etc. C'est aussi l'occasion de mentionner que l'histoire du vivant est un processus double : formation de nouvelles espèces, mais aussi l'extinction de certaines espèces, ou de grands groupes comme celui des Dinosaures, des Ammonites, etc.

Une première approche du concept d'espèce

Comment distinguer une variété d'une espèce ? De quels critères de reconnaissance dispose-t-on ? Les variétés de chiens, si dissemblables les unes des autres, sont un bon support pour approcher le concept d'espèce. Expérimentalement, un élevage de poissons en classe permet aussi de savoir si tous les poissons de l'aquarium peuvent se reproduire. Par exemple, les poissons Guppy donnent naissance à des Guppy, les poissons Néons à des Néons, etc. Mais un Guppy et un Néon ne donnent pas de descendants. Ils appartiennent donc à deux espèces différentes.

Le fait de ne pas produire de descendants est un critère biologique pour distinguer les espèces. Des organismes, semblables ou très dissemblables, capables de se reproduire entre eux appartiennent à la même espèce. Par exemple, les variétés de chiens, même très dissemblables, appartiennent à la même espèce, car ils peuvent se reproduire entre eux.

Des élevages réalisés en classe permettent ainsi de confirmer ce critère d'interfécondité pour déterminer si les organismes sont ou non de la même espèce.

La notion de transformation des espèces au cours du temps

La transformation des espèces au cours du temps peut être évoquée dans le cadre de la domestication. Cette pratique de sélection artificielle par l'humain est, en effet, une bonne illustration de « la descendance avec modifications ». L'Homme en sélectionnant certains caractères a produit de nouvelles variétés (domestication des chiens, des blés, etc.).

Mais pour bien des élèves, l'idée même d'une transformation des espèces pose problème. Chez les enfants, le seul changement ou transformation observé est à l'échelle de l'individu : croissance, vieillissement, métamorphose (grenouille en têtard, chenille en papillon).

La transformation ne touche pas un individu mais une population, un groupe d'individus. Bien que le concept de sélection naturelle soit difficilement accessible à l'école primaire, un travail sur les principes de la domestication est un moyen d'introduire la notion de variation individuelle (ou mutation) transmise à chaque génération à l'ensemble de la population. Darwin avait étudié les élevages de pigeons, et s'était renseigné auprès des éleveurs pour savoir comment valoriser certaines variations (couleur du plumage, forme de la queue, etc.) de génération en génération.

Un exemple accessible aux enfants est celui de la morphologie du Basset. En effet, celle-ci a été modifiée depuis 1870. Initialement, le Basset était plus haut et plus trapu qu'il ne l'est aujourd'hui. Les éleveurs ont privilégié les bassets à courtes pattes. Ils ont sélectionné les bassets à courtes pattes, les ont fait se reproduire entre eux pour donner des descendants possédant cette particularité. Plus de cent ans après les premières sélections, le Basset a aujourd'hui le ventre presque au ras du sol. Des croisements entre différentes variétés de chiens sont aussi à l'origine de nouvelles variétés. Le croisement entre le Bulldog et le Terrier donne le Staffordshire bull-terrier que l'on reproduit dans les élevages de Staff. On peut ainsi multiplier les exemples, l'idée reste la même : l'éleveur choisit des individus qui présentent une particularité (ou variation), pour la reproduire dans la descendance et petit à petit, l'espèce se modifie. Mais la modification de l'espèce par les éleveurs peut laisser penser à l'élève que l'évolution se fait aussi sous la conduite d'un « Sélectionneur ». Pour cette raison, il est prudent de revenir aux espèces fossiles pour montrer que les variations sélectionnées ont donné naissance à des nouvelles espèces qui se sont elles-mêmes éteintes, car il n'existe pas de finalité à la sélection.

Une première introduction à la classification évolutive

À partir de l'observation d'attributs anatomiques chez les Vertébrés (squelette osseux, quatre membres, poils, plumes, etc.) chez différentes espèces (le moineau, l'autruche, l'homme, le chat, etc.), les enfants regroupent les organismes en fonction des attributs partagés pour construire des ensembles emboîtés : ensemble des animaux à plumes (autruche et moineau), ensemble des animaux à poils (homme et chat). Ces deux ensembles sont eux-mêmes emboîtés dans celui des animaux à quatre membres avec un squelette osseux.

Pour traduire ces ensembles emboîtés en liens de « proximité » entre les espèces, une réflexion peut être menée, en classe, à partir de cette interrogation : comment expliquer que ces espèces si dissemblables partagent cependant deux attributs communs : quatre membres et squelette osseux ?

Par comparaison avec les organismes possédant un squelette osseux, mais pas quatre membres, comme les « poissons », l'hypothèse que les quatre membres chez différentes espèces soient hérités d'un ancêtre commun peut être posée. Le partage des attributs est ainsi un moyen d'initier à la construction de liens de parenté entre les espèces[1]. L'utilisation pédagogique de cette classification peut aussi s'appliquer aux espèces fossiles et ainsi établir un lien biologique et historique entre les espèces actuelles et fossiles.

Pistes pour le collège

Au collège, la première introduction à l'évolution selon le programme de 2004 (*BO* HS n° 4, 9/09/2004) est faite dès la classe de Sixième, dans la continuité de celui de l'école primaire et cible trois niveaux d'étude : « Diversité, parentés et unité des êtres vivants ». L'objectif est « de découvrir et d'utiliser la classification actuellement retenue par les scientifiques, qui traduit l'histoire évolutive, les relations de parenté entre les êtres vivants ». Le nouveau programme de la classe de Troisième (*BO* HS, n° 6,19/04/2007) va plus loin. Il précise que « la cellule, unité du vivant, et l'uniformité des instructions du patrimoine génétique dans tous les organismes vivants d'aujourd'hui, Homme compris, indiquent sans ambiguïté une origine primordiale

1. Voir à ce sujet les livres de Bonnet M. L, Cariou F., Duco. A, Guillot G. (2004), *Comprendre et enseigner la classification du vivant.* coll. Guide Belin de l'enseignement, et de Chanet B & Lusignan F. (2007), *Classer les animaux au quotidien,* CRDP Bretagne.

commune. [...] La comparaison des espèces conduit à imaginer entre elles une parenté qui s'explique par l'évolution ».

Bien que l'évolution humaine ne soit pas un point central des programmes de collège, cette piste pédagogique se justifie, car elle répond à la fois à la question de la classification posée en classe de Sixième, mais aussi à celle de la place de l'Homme dans le monde animal, telle qu'indiquée dans le programme de la classe de Troisième.

Les raisons de ce choix reposent sur les obstacles véhiculés par les conceptions des élèves. En particulier, l'idée selon laquelle l'Homme n'est pas un animal, et qu'à ce titre l'évolution humaine obéirait à des règles biologiques différentes de celles des autres animaux. L'intérêt pédagogique est de transformer cet obstacle en un objectif d'enseignement. L'évolution n'a plus aucune restriction possible, et les élèves peuvent transposer les principes d'évolution appliqués à l'Homme à toutes les autres espèces.

L'entrée historique : les découvertes des ossements fossiles « humains »

L'évolution humaine occupe une place importante dans nos représentations socioculturelles, et il existe des résistances à reconnaître l'Homme comme un animal. Pour traiter de l'Homme en tant qu'animal, il est d'usage de le comparer à d'autres animaux, en particulier d'autres primates, pour mettre en évidence des critères de son appartenance au monde animal.

Mais on peut aussi procéder autrement, non pas en comparant l'Homme aux autres animaux actuels, mais en le comparant à d'autres fossiles d'homininés. L'histoire des découvertes scientifiques des homininés fossiles est l'occasion pour l'élève de s'interroger : comment situer l'Homme moderne (*H. sapiens sapiens*) par rapport aux espèces fossiles ?

Par des recherches documentaires, les élèves apprennent que c'est à la fin du XIXe siècle et au début du XXe siècle que les paléontologues anthropologues ont découvert les premiers fossiles (Homme de Neandertal en 1856 ; Homme de Cro-Magnon en 1868, *Homo erectus* et Homme d'Heildelberg en 1907, Homme de Pékin en 1927-29 ; *Homo habilis* en 1964 ; Australopithèques en 1924-25

[Taung], etc.). Il s'agit, ici, de sensibiliser les élèves à la nécessité de mener des recherches sur le terrain, de faire des fouilles, de connaître le travail du paléontologue : récolter des données anatomiques et culturelles, les comparer, les analyser, etc. Reste, ensuite, à confronter ces données factuelles et à les expliquer.

Les relations phylogénétiques entre l'homme moderne et les espèces fossiles

Ces ossements fossiles correspondent-ils à une même espèce qui s'est modifiée avec le temps, comme l'imaginent souvent les élèves, ou bien à différentes espèces humaines qui nous ont précédés ? Une première approche consiste à mettre en évidence des liens de proximité entre les espèces pour construire un arbre de parenté. Mais ce travail ne peut se faire sans prendre en compte les conceptions et les arguments des élèves. Trois conceptions dominent :

- La conception « évolutionniste » selon laquelle une espèce se transforme, par mutation, en une nouvelle espèce. Il s'agit là, d'un schéma linéaire qui exclut la cohabitation de différentes espèces d'homininés. L'argument avancé par les élèves est la succession chronologique des espèces pour rendre compte d'un continuum entre les espèces.
- La conception « transmutationniste » selon laquelle les espèces d'homininés fossiles sont, en fait, une même espèce qui se « métamorphose » au cours du temps. Argument proposé : la progression de la taille, du volume cérébral, de la qualité des outils, etc., s'expliquent par un nouveau stade de développement. Il n'existerait pas de lien de parenté, à proprement parler, entre l'Homme moderne et les espèces fossiles. L'Australopithèque se serait transformé progressivement jusqu'à aujourd'hui : « c'est la même espèce qui se perfectionne » (citation d'élève, 1re L). Ici l'élève se représente les espèces fossiles comme des formes transitoires et imparfaites d'une même et unique espèce.
- La conception « fixiste » : les espèces fossiles sont indépendantes de l'Homme moderne. Les différentes espèces d'homininés sont issues de créations successives ou par « génération spontanée ». L'argument évoqué par les élèves est la possibi-

lité que des espèces d'homininés ont cohabité, et qu'elles ne peuvent, par conséquent, être issues les unes des autres.

Chacune de ces conceptions fait obstacle à la compréhension de l'évolution en deux points : une vision linéaire de la transformation des espèces par mutation ou métamorphose, ou bien encore l'absence de lien de parenté entre les espèces. Face à ces différentes « conceptions -obstacles », quels arguments l'enseignant peut-il proposer ?

Dans le cas de la conception « évolutionniste », l'enseignant peut faire remarquer aux élèves que si chaque nouvelle espèce dérive de la précédente, celle-ci devrait s'éteindre ; or on observe des cas de cohabitation d'espèces (Australopithèques et *H. habilis*, ou *H. neanderthalensis* et *H. sapiens*). Concernant la conception « transmutationniste », l'enseignant peut indiquer que si l'espèce se transforme par métamorphose, il ne peut, dans ce cas, avoir qu'une seule espèce à la fois ; or il y a parfois cohabitation de plusieurs espèces. Enfin pour la conception « fixiste », l'enseignant signale que si les espèces d'homininés étaient indépendantes les unes des autres, pourquoi observe-t-on, néanmoins, une corrélation entre la chronologie des espèces et de nouvelles caractéristiques anatomiques (déplacement du trou occipital, redressement de la colonne vertébrale, augmentation du volume crânien, fabrication d'outils, etc.).

Mais chacun de ces arguments, quelle que soit leur valeur, reste de l'ordre du factuel. L'enseignement se limite alors à consigner un état des lieux de la chronologie, de l'anatomie, et des signes culturels des fossiles identifiés, sans réellement expliquer leur distribution dans le temps.

La théorie de l'évolution est alors nécessaire pour expliquer et rechercher les liens de parenté entre les espèces fossiles et l'Homme moderne. Si une espèce d'homininé peut donner naissance à d'autres espèces, ces nouvelles espèces doivent posséder des attributs hérités de l'espèce-souche, tout en présentant de nouveaux attributs anatomiques et culturels (position du trou occipital, volume crânien, outil, feu, etc.). Si les données anatomiques vérifient cela, il est alors possible de construire un arbre de parenté entre les espèces à partir du partage des attributs. S'il n'avait pas été possible de construire cet arbre, l'hypothèse de l'ancêtre commun ne serait pas validée et l'évolution humaine devrait être reconsidérée, voire rejetée.

L'homme est un primate

Quelle que soit la conception que les élèves se font de l'évolution, l'Homme est rarement considéré comme étant un animal. Plus exactement, il est perçu comme un animal par son anatomie, mais pas par son intelligence. Celle-ci semble, pour bien des élèves, le détacher définitivement de l'animalité. L'objectif pédagogique n'est pas d'imposer l'Homme comme un animal parmi d'autres, mais de rendre compte de son animalité par des caractéristiques biologiques et par des liens de parenté.

Pour cela, il est important de rattacher la lignée humaine à celle des grands singes. Après avoir construit un arbre de parenté entre l'homme moderne et les homininés fossiles, peut-on relier la lignée humaine et la lignée des grands singes (Gorille, Chimpanzé, Orang-Outan, Gibbon) ? Comment expliquer qu'il existe bien un lien de parenté entre les deux lignées ?

Pour relier les lignées, il suffit de reprendre les modalités de construction de l'arbre, c'est-à-dire le partage des attributs entre l'Homme et les grands singes. Recenser, par exemple, les attributs qui font que l'Homme est un primate. Il partage, en effet, avec tous les primates : les ongles (et non des griffes), le pouce opposable, nez (et non une truffe), etc. Mais il partage aussi avec les singes anthropoïdes : des omoplates en position dorsale, l'absence de queue (coccyx), la position bipède (même si elle n'est que temporaire), la capacité d'utiliser des outils, etc. Si l'Homme et les grands singes ont en commun ces attributs, les ont-ils acquis indépendamment ou bien est-ce parce qu'ils les ont hérités d'un ancêtre commun ?

Envisageons les deux possibilités :

– Si l'Homme et les grands singes n'ont pas de liens de parenté, cela signifie que chacune des espèces est une déclinaison du type Primate. On retrouve ainsi l'interprétation de la fixité des espèces, selon laquelle chaque espèce est déclinée d'un type anatomo-morphologique. Comment comprendre cette déclinaison ?

Dispose-t-on aujourd'hui d'une explication de cette hypothèse de l'immuabilité des espèces, c'est-à-dire connaît-on un ou plusieurs mécanismes biologiques qui puisse expliquer cette typologie ? À ce jour, aucune explication scientifique n'est proposée pour rendre compte de l'absence de queue chez les singes anthropoïdes, ni sur le fait que ces singes avec coccyx sont arrivés après les singes à queue dans l'échelle des temps géologiques.

– Si l'Homme et les grands singes sont issus d'un ancêtre commun, cela signifie qu'ils ont hérité les attributs qu'ils partagent de celui-ci. Il existe bien un type anatomique et morphologique caractéristique des primates. Mais dans ce cas, les différentes espèces (Homme, Gorille, Chimpanzé, etc.) ne sont pas uniquement des variantes de ce morphotype. Elles sont aussi les descendantes d'espèces aujourd'hui disparues. Dans ce cas, l'hypothèse de la transformation des espèces repose sur une reproduction avec modification des organismes, au fil des générations. La théorie de l'évolution explique cet héritage commun aux grands singes et à l'Homme. Les modifications observées chez les fossiles dans la lignée humaine et dans celle des grands singes sont le produit de mutations. De telles mutations, si elles sont héréditaires et retenues par la sélection naturelle, peuvent donner naissance à de nouvelles populations d'organismes, et à terme à de nouvelles espèces. Ainsi, il est possible de relier la lignée humaine et celle des grands singes, et de les enraciner à partir d'un ancêtre commun dans un même arbre phylogénétique. De fait, l'Australopithèque n'apparaît plus comme l'ancêtre commun à la lignée humaine, mais seulement comme un rameau de celle-ci, puisque l'ancêtre commun est celui qui est commun aux deux lignées.

En généralisant la démarche à d'autres espèces que les primates, l'Homme apparaît comme une espèce parmi d'autres, issue d'un ancêtre commun Vertébré (présence d'une colonne vertébrale), Mammifère (pilosité, glandes mammaires, os de l'oreille moyenne, etc.), Primate (ongles, pouce opposable, quatre incisives, etc.) ; Hominidés (absence de queue, etc.) ; Homininés (bipédie) capable de produire des sons articulés (langage), de fabriquer des outils (élevage, agriculture, industrie) et d'utiliser des symboles (sciences, arts, etc.).

Pistes pour le lycée

Le programme de la classe de Seconde s'appuie sur les notions de plan d'organisation, d'unité de structure et de fonction des cellules et d'universalité de l'ADN pour poser l'idée d'une origine commune à toutes les espèces. En classe de Terminale S, le programme cible la recherche des liens de parenté chez les Vertébrés, lignée humaine comprise. Mais peu de place est faite aux mécanismes de l'évolution. C'est pourquoi l'approche pédagogique proposée ici insiste davantage sur l'importance explicative de ces mécanismes et sur leur intérêt heuristique.

L'entrée historique : le débat entre fixisme et transformisme

À partir des mêmes données brutes (anatomiques, embryologiques ou moléculaire), il est possible d'avoir une lecture fixiste ou transformiste. En effet, ces seules données ne disent rien, en soi, de l'évolution ou de la non-évolution. Le fixisme centré sur la seule comparaison des données brutes en tire argument pour confirmer la stabilité du plan d'organisation et justifier l'immuabilité des espèces, tandis que le transformisme introduit ce que Delsol[1] (1991) appelle l'effet puzzle : « La plupart des grandes théories en biologie ne peuvent s'étayer que sur des milliers de petits faits, dont seul l'ensemble peut avoir valeur de preuve. C'est, en somme, un système de construction analogue à celui d'un puzzle. » La théorie de l'évolution ne rassemble pas seulement le maximum de pièces dont la somme donnerait une image évolutionniste ; elle permet aussi d'identifier les différentes pièces du puzzle, de les articuler les unes aux autres, et de les inscrire dans le temps. Autrement dit, c'est un puzzle mais à trois dimensions. Chaque fait récolté constitue potentiellement une pièce du puzzle. Si la pièce s'articule avec les autres, d'un fait brut elle devient un fait d'évolution. Sinon, elle n'est pas significative de l'évolution du vivant.

Une approche pédagogique du débat entre l'argumentaire fixiste et transformiste, à partir des mêmes données anatomiques,

1. Delsol M. (1991). *L'évolution biologique en vingt propositions*, Vrin.

embryologiques et moléculaires, permet de sensibiliser les élèves aux limites des seules données factuelles et à la nécessité d'une explication fonctionnelle de l'histoire du vivant.

Les données anatomiques

La comparaison de squelettes de Vertébrés montre une même organisation : mêmes axes antéro-postérieur et dorso-ventral, mêmes os, mêmes organes (ou presque), etc. Il existe bien des variantes morpho-anatomiques, mais elles ne modifient pas l'organisation générale des Vertébrés.

Pour les fixistes, l'unité d'organisation traduit une unité de structure et une unité de fonction des vertébrés, sans aucun lien parenté entre eux. Pour les transformistes, cette unité est comprise comme l'équivalent d'une structure ancestrale des Vertébrés.

Les données embryologiques

La comparaison du développement embryonnaire des Vertébrés montre que, dans les premières phases, les embryons sont semblables. Progressivement des particularités anatomiques, propres à chaque groupe, se mettent en place, tout en conservant le même plan d'organisation : membres antérieurs et postérieurs (nageoires chez les poissons et pattes pour les autres Vertébrés, bec chez les Oiseaux, carapace chez la tortue, etc.).

Les dessins d'embryons réalisés par von Baer, et repris dans la plupart des manuels scolaires, n'impliquent nullement, pour ce fixiste convaincu, un quelconque lien de parenté. Pour von Baer, l'embryogenèse est un processus de différenciation des caractéristiques communes des Vertébrés en une spécialisation pour chaque espèce. Pour von Baer, l'unité d'organisation ne résulte donc pas d'une descendance commune, mais d'une complexification des stades de développement. Tandis que pour les transformistes, comme Haeckel et Darwin, l'embryogenèse signe, au contraire, une récapitulation de la transformation historique des organismes où les transformations seraient héritées d'un ancêtre commun.

Les données moléculaires

La comparaison des gènes présents dans différentes espèces montre un nombre important de nucléotides communs ou d'acides aminés communs à une protéine chez plusieurs espèces (ex de l'insuline, des hémoglobines, etc.).

Dans le schéma fixiste, les nucléotides ou les acides aminés communs en même position caractérisent une invariance structurelle des gènes. Côté évolutionniste, la présence de nucléotides ou d'acides aminés en commun est la mise en évidence d'un héritage génétique issu d'une espèce ancestrale.

De même, la ressemblance des gènes homéotiques d'espèces différentes – gènes impliqués dans la mise en place des axes de polarité – peut selon le schéma fixiste être l'équivalent d'un archétype génétique, composante structurelle indispensable à la réalisation de l'organisme ou bien, selon le schéma évolutionniste, une composante historique et ancestrale.

En résumé, les seules données factuelles ne permettent pas de trancher en faveur du fixisme ou de l'évolution. L'entrée historique permet à l'élève de distinguer ce qui relève du fait brut et du fait scientifique. Avec l'explication donnée par la théorie de la descendance avec modifications, les faits bruts de l'unité anatomique, embryologique et moléculaire sont devenus des faits d'évolution car scientifiquement expliqués par les mécanismes de la sélection naturelle ou de la dérive génétique.

La problématique de la spéciation : de la modification d'une espèce à la formation de nouvelles espèces

Toutes les espèces sont, plus ou moins, adaptées puisqu'elles survivent. Mais, si l'environnement se modifie de façon prolongée (sécheresse, disparition de certaines ressources alimentaires, etc.), que se passe-t-il ?

Selon la conception fixiste, l'espèce meurt. Selon la conception lamarckienne : le milieu exerce une pression modélisante sur l'espèce conduisant à l'adaptation, et selon la conception darwinienne : la sélection naturelle retient les variations qui vont permettre d'exploiter les nouvelles conditions du milieu.

Par sélection de variations (ou mutations) les organismes

s'adaptent aux nouvelles conditions environnementales. Mais, en l'absence de variations à sélectionner, l'espèce s'éteint. Des exemples expérimentaux de l'action de la sélection naturelle, par changement de fréquence des allèles des gènes dans les populations, peuvent être présentés aux élèves (résistance des bactéries aux antibiotiques, la phalène du bouleau en milieu rural et industriel, etc.) pour réfuter la conception lamarckienne, non sélectioniste, ou la conception de la fixité des espèces. On peut aussi préciser que la modification de l'espèce peut se faire par la dérive génétique, et pas seulement par sélection.

Les modèles par sélection ou par dérive génétique peuvent être discutés en classe, et confrontés avec les conceptions des élèves. Ainsi, pour expliquer la formation de nouvelles espèces, certains élèves supposent des hypothèses *ad hoc* : une force créatrice ou la production par génération spontanée d'espèces. La première hypothèse ne peut être testée, car elle suppose la naissance des espèces *ex nihilo* à l'instant de la Création, mais elle est rejetée par les données paléontologiques de la répartition chronologique des espèces fossiles. Quant à la seconde, elle est invalidée par les travaux de Pasteur, lesquels ont montré que le vivant ne se reproduit qu'à partir du vivant.

Certains élèves font aussi référence à des agents environnementaux mutagènes qui pourraient conduire à une transformation d'une espèce en une nouvelle, reprenant en cela l'exemple des mutations, au niveau des cellules de la peau, provoquées par les rayons ultraviolets du Soleil. Encore faut-il que la mutation soit héréditaire pour pouvoir modifier les populations ; ce qui n'est pas le cas des mutations par les UV solaires au niveau de la peau.

Enfin, pour qu'il y ait spéciation, il faut une rupture du flux génique, quelle qu'en soit la modalité : sélection ou dérive par isolement géographique, par isolement écologique ou par changements graduels dans les populations. L'étude de la répartition géographique des espèces – Pinsons des Galapagos, Drosophiles d'Amérique Centrale et d'Amérique du Sud, Goélands des côtes nord-américaines et européennes, etc. – permet de travailler, avec les élèves, la réfutation du modèle fixiste, les limites du modèle lamarckien et la pertinence du modèle de l'évolution.

L'objectif est de dépasser l'opposition binaire « pour » ou « contre » l'évolution, pour introduire au pluralisme scientifique (fixisme, lamarckisme, darwinisme, etc.). C'est aussi un moyen pour l'élève de comprendre que la théorie de l'évolution a une capacité prédictive par la démonstration expérimentale de l'action de la sélection ou de la dérive. La projection de l'action de ces deux mécanismes sur des générations, soit plusieurs millions d'années, rend compte de la modification du génome initial de l'espèce. Il s'ensuit une divergence génétique des populations, elle-même à l'origine de nouvelles espèces, par remaniement du génome.

Chapitre 9

Nouvelle perspective d'enseignement de l'évolution : la protection de la biodiversité

Les concepts d'adaptation, de sélection, etc., sont généralement enseignés sans faire de lien avec les questions actuelles de gestion des ressources biologiques. Comme si il n'y avait aucune relation entre biodiversité et évolution. Comme si les politiques de préservation étaient indépendantes de nos représentations de l'histoire du vivant. Pourtant, nos représentations conditionnement la gestion des ressources biologiques. Une représentation statique de la biodiversité produit une gestion plutôt axée sur une préservation, tandis qu'une représentation dynamique développe une gestion associant préservation des organismes et changements environnementaux.

Mais comment faire le lien entre gestion de la biodiversité et évolution quand l'homme est, à la fois, un observateur attentif de son environnement et un agent de sa transformation ?

La biodiversité menacée : une prise de conscience internationale

L'opinion publique informée des menaces que font peser les activités humaines sur la biodiversité (réchauffement climatique, pollutions, épuisement des ressources, etc.) soutient la mise en œuvre d'une politique internationale de protection de la nature. Cette préoccupation de la protection des ressources biologiques n'est pas nouvelle. Déjà dans les années 1970, l'UNESCO avait mis en place le programme « L'homme et la biosphère » pour alerter les responsables politiques et économiques des conséquences d'une exploitation irraisonnée des ressources et pour en proposer une gestion rationnelle. Pour la première fois, ce programme évoquait une responsabilité internationale de la gestion écologique de la planète. En 1972, l'Organisation des Nations unies (ONU) a tenu, à Stockholm, sa première conférence sur l'Environnement pour exposer les problèmes liés aux ressources pour l'avenir de la planète. De cette conférence est né un programme d'enseignement[1] – pour l'école primaire et le secondaire – centré sur des problématiques environnementales : protection des espaces naturels, lutte contre les pollutions, économies d'énergie, etc.

Dans les années 1980, le Fond mondial pour la nature lançait un nouveau programme intitulé « Stratégie mondiale pour la conservation » afin de promouvoir une gestion raisonnée des ressources vivantes dans le cadre d'un développement durable. En 1987, la Commission mondiale sur l'environnement et le développement faisait référence à la notion de développement durable, défini comme : « un développement qui répond aux besoins des générations du présent sans compromettre la capacité des générations futures à répondre aux leurs. Deux concepts sont inhérents à cette notion : le concept de "besoins", et plus particulièrement des besoins essentiels des plus démunis, à qui il convient d'accorder la plus grande priorité, et l'idée des limitations que l'état de nos techniques et de notre organisation sociale impose sur la capacité de l'environnement à répondre aux besoins actuels et à venir. »

Dans les années 1990, la question de la conservation et de l'utilisation des ressources biologiques a fait l'objet d'un débat politique et économique quant aux choix et aux investissements.

Lors de la conférence internationale de Rio, en 1992, au Sommet de la Terre, le terme biodiversité est pour la première fois publiquement utilisé. Il est alors défini par la Convention sur la diversité biologique comme « la variabilité des organismes vivants de toute origine y compris, entre autres, les écosystèmes terrestres, marins et autres écosystèmes aquatiques et les complexes écolo-

1. Les premiers documents « Dans la série Éducation Environnementale » ont été publiés en français par le PNUE et UNESCO en 1983.

giques dont ils font partie; cela comprend la diversité au sein des espèces et entre espèces ainsi que celle des écosystèmes ». Le mot biodiversité, néologisme de diversité biologique, est repris en 1997, dans le Protocole de Kyoto pour réaffirmer la nécessité de la protection de la faune, de la flore et des milieux. L'Union internationale pour la conservation de la nature (UNCN) a apporté un complément à la définition de 1992, en incluant différentes échelles de biodiversité : gènes, espèces et écosystèmes.

Les sommets de Rio et Kyoto ont eu un tel écho médiatique qu'ils sont à l'origine d'une prise de conscience planétaire de l'urgence à préserver la biodiversité. Aujourd'hui, l'intérêt pour la biodiversité et le développement durable n'est plus du seul domaine des scientifiques et des experts. C'est devenu un enjeu de citoyenneté, à l'intersection de la biologie et de choix socio-économiques.

L'éducation à l'environnement et au développement durable

En 1977, dans le prolongement du programme de l'UNESCO, l'Éducation pour l'environnement est introduite à l'École (circulaire n° 77-300 du 29 août 1977) et, en 2004, à l'Éducation pour l'environnement s'ajoute désormais l'Enseignement à l'éducation au développement durable (*BO* n° 28 du 15 juillet 2004).

L'Éducation à l'environnement et au développement durable (EEDD) n'est pas une nouvelle discipline scolaire ni même, d'ailleurs, une discipline. Elle construit du sens pour comprendre l'interdépendance (spatiale et temporelle) entre les écosystèmes et les activités humaines. Elle est d'abord une « éducation à » : à une sensibilisation à l'amélioration et à la protection des ressources dans l'intérêt général. Comme toute éducation, elle véhicule des valeurs : ce qu'il faut faire ou ne pas faire pour ne pas gâcher les ressources disponibles et les transmettre aux générations futures.

L'EEDD constitue un espace citoyen où l'élève trouve les informations scientifiques, économiques, géographiques, etc., pour participer aux décisions qui engagent l'avenir écologique de la planète.

Plusieurs disciplines (sciences, géographie, économie, etc.) participent à l'EEDD.

Mais l'EEDD contribue aussi à enseigner les disciplines scientifiques par objectifs de compétences : faire acquérir aux élèves des connaissances et des méthodes pour comprendre les effets des activités humaines sur les écosystèmes. À partir d'une « situation-problème » autour de la protection des ressources naturelles s'engage un travail pluridisciplinaire sur les choix à faire en termes d'avantages et d'inconvénients, sur le comment faire pour optimiser les ressources locales sans atteindre l'épuisement. Par exemple, faut-il construire un barrage en un lieu écologiquement protégé pour apporter l'énergie nécessaire à une région, ou bien faut-il réduire l'utilisation des engrais au risque de réduire la rentabilité des récoltes et préférer les OGM, etc. ? Autant de problèmes où chaque discipline apporte ses compétences : la biologie précise l'évaluation des risques sur les écosystèmes, l'économie évoque les risques de privatisation du vivant (brevet OGM, etc.), l'histoire et la géographie rappellent les modifications des paysages en relation avec le développement économique, etc.

L'EEDD adopte ainsi une démarche à contre-courant de la démarche analytique, de séparation des variables traditionnellement utilisée en classe de science, et favorise une démarche holistique. La démarche analytique, avec la séparation des variables, est nécessaire pour mettre en évidence des relations causales. Mais elle ne permet pas toujours aux élèves de comprendre le « à quoi ça sert » de faire cela. Par exemple, suivre les effets de la concentration en engrais sur le développement d'une plante ne répond pas à une préoccupation immédiate de l'élève, mais à une problématique scientifique.

L'élève sait très bien que la science « sert » à comprendre et à expliquer des phénomènes naturels. Cependant, la description détaillée des mécanismes biologiques lui fait souvent perdre de vue l'ensemble du fonctionnement de l'organisme ou de l'écosystème. D'où parfois le sentiment « d'inutilité » du savoir scientifique, faute de pouvoir se l'approprier concrètement.

La démarche holistique interroge les causes possibles de l'extinction d'une espèce et recherche les facteurs biologiques (mutation, maladie, etc.) et anthropiques (destruction des ressources, épandage d'insecticides, etc.), qui en sont à l'origine. Il faut, pour cela, comprendre les effets de la sélection naturelle, et déterminer les limites de la valeur adaptative de l'espèce.

La biologie de l'évolution participe à cette réflexion. Elle apporte sa connaissance de l'histoire de la biodiversité. Elle permet de comprendre les causes à l'origine de l'extinction de certaines espèces, et de prendre en compte l'impact des activités humaines sur l'écosystème, etc. Elle permet aussi de faire des propositions pour maintenir ou développer l'espèce tout en tenant compte des contraintes liées aux activités humaines, et s'intègre dans une démarche interdisciplinaire : évolutionniste, écologique, économique, aménagement du territoire, etc.

Associer démarche analytique et démarche holistique permet à l'élève de porter un autre regard sur le savoir scientifique. Non pas comme un savoir réservé aux seuls spécialistes, mais comme un savoir inscrit dans une production socioculturelle avec des valeurs : ne pas accepter l'ignorance, vérifier des hypothèses, accepter le débat contradictoire pour éviter le dogmatisme, etc. En bref, socialiser le savoir scientifique, *in situ*, tout en distinguant la connaissance scientifique de son utilisation. Par exemple, notre compréhension scientifique des effets du tabagisme sur la santé ne dit pas s'il faut ou non interdire la cigarette et continuer à cultiver du tabac. Cela relève d'un choix de société et de santé publique. En revanche, dans le cadre de l'EEDD, ce choix peut être discuté et s'appuyer sur notre connaissance scientifique des effets physiologiques du tabagisme pour faire un choix sociétal (autoriser ou non la vente des cigarettes), choix qui peut avoir des conséquences économiques au niveau des producteurs de tabacs et des fabricants de cigarettes, mais aussi écologiques avec le maintien ou non de l'agrosystème tabac.

Mais, pour développer l'esprit critique sur les menaces écologiques, supposées ou avérées, il faut disposer des connaissances scientifiques, mais aussi savoir les intégrer dans un projet de société. L'EEDD aide à cette intégration dans le cadre d'un projet collectif. Il ne s'agit pas de s'en remettre exclusivement à l'expert pour faire des choix de société, mais d'utiliser le savoir scientifique pour évaluer les enjeux sociétaux. Dans le cadre de l'EEDD, on ne peut oublier, non plus, l'angle mort de la biodiversité actuelle : la biodiversité fossile. Nos pratiques de gestion de la biodiversité actuelle peuvent tirer des enseignements sur la richesse passée, pour mieux comprendre les causes de la biodiversité actuelle : développement de certaines espèces et la régression ou l'extinction d'autres espèces.

Mais ces choix de société dépendent, aussi, de notre conception de l'histoire du vivant. Deux exemples – l'un centré sur la gestion des ressources halieutiques, l'autre sur le débat autour des OGM – montrent comment les politiques de la gestion des ressources ne sont pas indépendantes de notre compréhension de l'évolution.

Apprendre à gérer les ressources biologiques

L'exemple des ressources halieutiques : les effets de la surpêche

Ces trente dernières années, la pêche industrielle a conduit à une réduction importante de l'abondance de certaines espèces (morue, limande, etc.). Le nombre de poissons géniteurs ayant considérablement diminué, et le nombre de juvéniles restant trop faible avant d'arriver à maturité sexuelle, il est aujourd'hui impossible de revenir à des quantités de poissons comparables à celles d'il y a 30 ou 40 ans.

Pour lutter contre la pression de la surpêche, des suspensions, des interdictions, et des quotas de pêche ont été imposés au niveau international. Cependant, même une réduction drastique, voire l'interdiction de prélever certaines espèces, n'a pas produit comme on l'espérait une augmentation significative de la reproduction des poissons. Cela s'explique par le délai nécessaire pour atteindre la maturité sexuelle (souvent plusieurs années), mais aussi par des changements irréversibles dans les écosystèmes. Ainsi, la morue, si présente au XIXe siècle sur les côtes de Saint-Pierre-et-Miquelon, a pour ainsi dire disparu. Une première restriction de sa pêche dans les années 1980, puis une interdiction définitive en 1992 n'ont pas fait remonter la quantité de ce poisson. La pêche intensive mais aussi des changements hydro-climatiques semblent être à l'origine de sa quasi-disparition dans la région. De plus, depuis vingt ans, le réseau alimentaire, dans l'écosystème des côtes de Terre-Neuve, s'est reconfiguré en l'absence de la morue, de telle sorte qu'elle ne trouve plus, aujourd'hui, les conditions nécessaires à sa reproduction.

Longtemps les politiques de gestion des ressources halieutiques ont consisté à limiter la diminution du stock. Mais les injonctions administratives, techniques (respect des périodes de pêche, respect de taille des mailles des filets, etc.) ou des encouragements financiers à réduire les flottes n'ont pas apporté les résultats attendus. La communauté des pêcheurs fut alors pointée du doigt comme responsable de la diminution des stocks, et utilisée comme une possible variable d'ajustement pour économiser les ressources halieutiques. Cette politique a engendré incompréhension et conflit entre pêcheurs et scientifiques. Les premiers ont eu le sentiment d'être dépossédés de leur « savoir-faire » professionnel. Les seconds, chargés d'estimer les ressources disponibles, se sont heurtés aux pêcheurs qui contestaient ces estimations[1].

Pour lutter contre l'épuisement des « stocks » en poissons et limiter l'activité de la pêche, l'aquaculture est apparue comme une solution. En effet, cette pratique d'élevage permet de reconstituer les stocks, et ouvre de nouvelles perspectives dans la conservation des espèces actuelles. Développée à partir des années 1970, l'aquaculture s'est d'abord attachée à la production des poissons commercialement rentables. Mais le développement de maladies dans ces milieux d'élevage a dégradé localement les écosystèmes aquatiques. Pour y remédier, à partir des années 1980, des efforts ont été entrepris afin de promouvoir une aquaculture dans le respect des écosystèmes (mangrove, littoral, étang, estuaire, etc.). La tendance actuelle est à une aquaculture responsable de la protection de l'environnement, et respectueuse des conditions phytosanitaires.

L'aquaculture représente, aujourd'hui, presque le quart de la production mondiale des produits aquatiques (huître, moule, crevette, saumon, truite, bar, dorade, turbot, etc.). Cependant, l'élevage a une incidence sur l'environnement aquatique. C'est pourquoi son développement est aujourd'hui discuté. Dans quels buts, développer l'aquaculture ? Pour nourrir une population humaine qui ne cesse de croître, pour préserver des ressources génétiques, pour proposer une nouvelle activité économique, etc. ?

1. En 1994, le principe de précaution pour le développement durable de la pêche a été proposé par la FAO. En 1995 un code de conduite pour une pêche responsable a vu le jour. En 2001, la FAO a proposé de tenter de conciliation les enjeux socio-économiques et ceux de la conservation dans les écosystèmes marins.

Répondre à chacune de ces questions renvoie en réalité à une autre question : faut-il penser la gestion des ressources biologiques en termes de stocks ? Pour le biologiste, la biodiversité n'est pas seulement une donnée comptable indiquant, à un moment donné, le nombre d'espèces : recensées, éteintes, ou en voie d'extinction. La biodiversité n'est pas non plus semblable à un grand livre du vivant où serait consigné le nom des espèces, et régulièrement raturé celui d'espèces disparues, pour les retrancher de la liste initiale. Étudier la biodiversité, c'est faire un inventaire nécessaire à l'identification des espèces, mais c'est aussi étudier l'impact des activités humaines sur les espèces (déforestation, agriculture et pêches intensives, pollution des milieux, aquaculture, etc.).

Ainsi, l'étude de la biodiversité fait prendre conscience que les politiques de gestion des ressources ne doivent plus reposer, exclusivement, sur la vision d'un « stock » d'espèces, comparable à celui des réserves de pétrole ou de minerai, qui s'amenuisent au fil du temps, mais sur une dynamique de renouvellement des ressources.

En résumé, ce qu'il faut protéger, ce n'est pas seulement l'espèce mais l'écosystème dans lequel elle vit. Tout en sachant que celui-ci se transforme avec le temps. Pour obtenir un renouvellement des espèces de poissons, il faut donc veiller à ne pas supprimer ou modifier radicalement l'écosystème auquel ils appartiennent.

Cependant, l'exemple des ressources halieutiques montre que les politiques de pêches restent attachées à une conception statique de la biodiversité sous la forme d'un « stock » du vivant à protéger, plutôt qu'à une vision dynamique où la biodiversité s'inscrit dans une histoire du vivant par renouvellement des espèces.

Exemples de politiques de protection de la biodiversité : la mer d'Aral et le lac Baïkal

Depuis les années 1960, la mer d'Aral, située en Asie Centrale (Kazakhstan et Ouzbékistan), s'assèche, car les deux fleuves qui l'alimentaient ont été détournés pour les besoins de l'agriculture des champs de coton. Aussi, l'eau de la mer d'Aral s'évapore, et son niveau ne cesse de diminuer ainsi que sa superficie. De plus, l'augmentation de sa salinité a provoqué la disparition de nombreuses espèces d'eau douce. L'avenir de la mer d'Aral est donc sérieusement compromis, et semble avoir atteint un point de non-retour.

Reste, cependant, un dernier espoir : la construction en 2005 d'un barrage financé par la Banque Mondiale. En effet, depuis la fin de la construction du barrage, une remontée des eaux et le retour des poissons laissent entrevoir une possible vie écologique et économique autour du barrage. Mais il faudra attendre encore plusieurs années pour confirmer si la mer d'Aral redeviendra un lieu de pêche ou s'il ne subsistera qu'un mini-lac.

Autre exemple, celui du lac Baïkal, en Sibérie. Il contient près de 20 % des réserves d'eau douce du monde et a été sauvé, *in extremis*, de la pollution dont il était victime depuis les années 1960. Cette pollution liée aux déchets de l'exploitation du bois (rejets de la pâte et de la cellulose) a entraîné la disparition d'une grande partie de la faune et de la flore du lac. Mais des mesures de protection, à partir des années 1980, limitant les rejets industriels ont permis de préserver une partie de la richesse de sa faune et de sa flore. Un Centre d'étude du fonctionnement et des modifications de l'écosystème « lac » a été créé en 1990 pour comprendre la disparition de certaines espèces, la venue de nouvelles, et la formation de nouveaux réseaux alimentaires. Depuis, le lac Baïkal est redevenu un écosystème dynamique, mais reste encore sous la vigilance et la protection des scientifiques.

Équilibre ou stabilité des écosystèmes ?

Ces exemples montrent que les écosystèmes sont en équilibre, mais ils ne sont pas stables. La distinction est importante. La stabilité n'impose aucun changement, contrairement à l'équilibre qui résulte d'un changement permanent. Or, au cours du temps, tout écosystème se modifie, se transforme, et l'équilibre correspond à une redistribution des échanges énergétiques, des relations alimentaires, des conditions de reproduction, etc., en fonction des changements de l'écosystème. Aucun écosystème ne reste, par conséquent, indéfiniment le même. Il est en constante modification par l'introduction de nouvelles espèces et la disparition de certaines.

L'homme, lui-même, participe à cette modification en introduisant ou en retranchant des espèces. L'introduction des lapins en Australie dès le XVIIIe siècle, des écrevisses américaines dans les rivières en Europe vers les années 1960 pour compenser le manque d'écrevisses « autochtones », ou le développement en mer Méditerranée de la plante *colerpa taxifolia* (peut-être issue de l'aquarium de Monaco) ont modifié les écosystèmes.

Cependant, l'introduction d'espèces « exogènes » ne doit pas laisser place à une vision où lapins, écrevisses et *colerpa* seraient des « envahisseurs » d'un nouveau territoire. L'écosystème ne se réduit pas à la territorialité des espèces. L'entrée ou le départ des espèces est une donnée évolutive qui, selon la situation, favorise ou réduit la biodiversité.

Interpréter d'emblée la rupture de l'équilibre comme une menace sur la biodiversité traduit un attachement à l'existence d'un ordre immanent auquel les organismes seraient définitivement adaptés. Or, l'adaptation biologique est le produit historique de la sélection naturelle. Elle est une condition de la survie des organismes, mais n'est pas définitive. Une vision trop rigide du concept d'équilibre risque de le réduire à un état de stabilité permanente, auquel il ne faudrait pas contrevenir.

Sans contester les risques, potentiels et réels, d'une réduction de la biodiversité par les activités humaines, l'équilibre des écosystèmes est aussi une production de l'histoire du vivant, c'est-à-dire de l'évolution. Exclure le processus historique de formation des écosystèmes en référence à un idéal d'équilibre définitivement stable revient à croire en un ordre naturel préétabli, qu'il ne faut en aucun cas modifier.

S'il existe un consensus pour reconnaître l'importance d'une approche écologique dans les politiques de gestion des ressources, cette unanimité cache aussi différentes conceptions de l'adaptation. En réalité, ces politiques se font l'écho de tensions entre une conception en un ordre naturel immuable et une approche évolutionniste. Toutes deux ont des conséquences dans nos pratiques en matière de protection de la biodiversité. Si la conception de la stabilité ou de la fixité des écosystèmes s'impose, les politiques de gestion des ressources seront dominées par le maintien ou l'augmentation du stock existant des espèces. Si la conception évolutionniste est prise en compte, les politiques de gestion des ressources intégreront aussi la mobilité et l'histoire des écosystèmes. Par exemple, pour implanter ou supprimer une ferme aquacole, ou bien encore modifier son implantation, il faudra davantage s'intéresser à l'organisation biologique de l'écosystème (littoraux, mangrove, etc.) et à sa transformation possible dans le temps pour justifier des choix effectués tout en limitant la pression des activités humaines.

Le débat sur les OGM

Le débat sur les Organismes génétiquement modifiés (OGM) semble, *a priori*, éloigné de la question de l'évolution. Pourtant, il illustre la difficulté à penser l'histoire du vivant comme une transformation irréversible des génomes.

L'inquiétude légitime du grand public, mais aussi de la communauté scientifique, sur les OGM s'explique d'une part en raison des risques, potentiels et réels, sur la santé humaine, et d'autre part par la crainte de modifier de façon définitive le génome des espèces. Aussi, garantir que les OGM commercialisés ne sont ni dangereux pour la santé ni pour l'environnement est une obligation. Mais l'opposition radicale aux OGM est parfois une opposition à toute manipulation du vivant.

Si jouer aux apprentis sorciers n'est pas à écarter, il faut, cependant, distinguer entre les OGM étudiés dans le cadre de la recherche scientifique, et ceux produits par l'industrie. En effet, les finalités et les intérêts ne sont pas du même ordre. La recherche privilégie la compréhension des mécanismes génétiques, et l'industrie agroalimentaire, la rentabilité économique. Mais condamner les OGM au motif qu'introduire un gène d'une espèce différente dans une autre espèce n'est pas naturel, voire est contre-nature, est un peu court. Que signifie exactement ce « contre-nature[1] » ? Jadis se faire vacciner ou réaliser une transplantation d'organe était, aussi, jugé contre-nature. Pourtant, le transfert de gènes entre espèces existe dans la nature. On connaît, en effet, des cas de transgenèses naturelles, c'est-à-dire de transfert de gènes entre

1. La vaccination a aussi été considérée comme contre-nature. En introduisant des agents immunogènes (jadis pathogènes), la vaccination ne connaît pas le risque zéro. Certains effets secondaires existent et ont parfois de lourdes conséquences chez certains individus. Mais le bénéfice global comparé au risque individuel l'emporte dans le choix des politiques de santé publique.

espèces[1]. Les biotechnologies présentent aussi des perspectives thérapeutiques. Tous les patients diabétiques utilisent, aujourd'hui, de l'insuline humaine produite par des micro-organismes génétiquement modifiés. Le gène humain responsable de la production de l'insuline – inséré dans l'ADN de ces micro-organismes – produit de l'insuline humaine. Bien évidemment, les conditions de production des OGM doivent être contrôlées, en laboratoire et en champs, pour évaluer les risques sur la santé, l'environnement et la diversité génétique ; et cela indépendamment de la pression de l'industrie agroalimentaire. Mais, à moins de considérer, l'ADN comme un matériau sacré et intouchable, il faut néanmoins pouvoir le manipuler pour comprendre l'action des gènes dans le génome.

Autre aspect, souvent évoqué, la pollution génétique occasionnée par les OGM. Une pollution est le signe d'une activité humaine portant préjudice à la santé ou à l'environnement. Les risques de « toxicité » des OGM sont donc à prendre en considération. Tant que leur innocuité n'est pas démontrée, on ne peut exclure un réel préjudice pour la santé. Mais que signifie là encore « pollution génétique » ? Est-ce la présence d'OGM dans un champ non-OGM situé à proximité de cultures OGM ? Est-ce la présence de gènes dits « étrangers », ou d'une « transformation du patrimoine génétique naturel » entre espèces radicalement différentes ? Le discours sur la pollution des OGM n'est pas très éloigné d'un discours sur la pureté génétique de l'espèce. Quelle est finalement notre représentation du génome ? Toute modification est-elle comparable à une altération de sa pureté originelle ? L'organisme « non-OGM » a-t-il, naturellement, une qualité biologique supérieure à celle de l'OGM ? Autant de questions qui renvoient à la façon dont nous envisageons un possible lien de parenté entre les espèces, ou au contraire, par cloisonnement d'espèces sans relation génétique les unes avec les autres.

Finalement qu'appelle-t-on OGM ? Est-ce le même organisme qu'avant sa modification ou bien cette modification fait-elle de lui un nouvel organisme ?

Que signifie la « création » ou la « construction » d'OGM, comme l'évoque souvent l'industrie ? S'agit-il d'un assemblage de

---

1. On connaît par exemple la galle du collet. Cette tumeur végétale est liée à la présence d'une bactérie dont le plasmide contient des gènes qui, par transgenèse, induisent la multiplicatrice des cellules végétales.

pièces détachées : les gènes ? Dans ce cas, c'est une conception mécaniste du vivant qui est sous-jacente. Ou bien s'agit-il, d'une analogie avec des produits manufacturés ? Auquel cas, le vivant est l'équivalent, d'un produit issu de l'industrie biotechnologique. Il perd alors son statut de vivant pour être réduit à un objet génétique. Ou bien s'agit-il d'un acte inventif, pour modifier le vivant, mais dans quel but ? Répondre à un projet social (guérir, nourrir la planète, etc.) ou à un objectif économique (rentabiliser l'agriculture, l'élevage, ouvrir de nouveaux débouchés commerciaux, etc.).

Récemment, le Bureau des Ressources Génétiques (BRG) a précisé que les gènes ne doivent plus être considérés comme les ressources minières épuisables. D'une conception de la diversité génétique comme un stock de gène, nous sommes passés à une conception évolutionniste où sont prises en compte les mutations aléatoires, la sélection naturelle à l'origine de la biodiversité et où même les OGM peuvent devenir de possibles ressources génétiques pour l'avenir.

Débattre autour des OGM, c'est s'interroger sur la légitimité à modifier le vivant, et sur la responsabilité de nos sociétés à le faire[1]. Pourquoi vouloir protéger les espèces ou les modifier génétiquement ? La production d'OGM ne se résume donc pas à un acte technique de transfert et d'insertion de gènes[2], mais s'inscrit dans un projet de société : vivre « avec » ou « sans » OGM. Autour de ce débat, il y a des choix socio-économiques, une conception de la nature (sacralisée ou pas), et une méfiance à l'égard de l'industrie ou de la science.

En l'état des connaissances, la production des OGM n'est pas sans risque, mais elle n'est pas, aussi, sans intérêt. Au nom du principe de précaution, faut-il arrêter les recherches faute de prévoir les effets de l'insertion d'un gène dans une espèce ? Le principe de précaution ne conduit pas nécessairement à une interdiction. Il prend acte d'une innovation biotechnologie, et regarde les effets positifs et négatifs de celle-ci. C'est le bilan entre les bénéfices apportés et les risques évalués qui tranche en faveur ou non du maintien de l'innova-

1. Legardez A. et Simonneaux L. (dir.) (2006). *L'école à l'épreuve de l'actualité, enseigner les questions vives*. ESF Editeur. Simonneau L. & Simonneau J. (2005). « Argumentation sur des questions socio-scientifiques », *Didaskalia* n °27, p. 79-108.
2. Fortin C. (2008). « L'enseignement d'une question socialement vive : l'exemple des OGM en classe de Terminale S ». *Aster*, n° 45.

tion. Mais rejeter les OGM au seul motif que c'est dangereux parce que « ce n'est pas naturel » c'est aussi une façon de ne pas reconnaître le changement de génome dans le processus évolutif. La résistance aux OGM est parfois la manifestation d'un obstacle à l'idée de la non-permanence des espèces. La réciproque n'est pas vraie. Accepter les OGM n'est pas reconnaître le processus évolutif. Ainsi, les courants créationnistes ne sont pas opposés à la production des OGM, car les OGM sont perçus comme des produits industriels, et leur réalisation, par les biotechnologies, est interprétée comme l'illustration du pouvoir qu'a reçu l'Homme de dominer la nature.

Avec la question des OGM, c'est le pouvoir de l'Homme sur la nature qui est en jeu. Entre gérer à long terme les ressources biologiques et conserver un patrimoine génétique à transmettre, quels sont les choix ? Par exemple, la préservation interdit-elle la modification des organismes ? Répondre oui, c'est revendiquer la croyance en un ordre naturel et se laisser guider par l'idéologie d'un état de nature. Répondre non, c'est revendiquer qu'un état de nature n'est pas une valeur d'action. Mais, dans ce « non », il faut différencier entre un « non » qui affirme une domination de la nature par les biotechnologies et un « non » d'exploration qui préconise d'étudier les OGM, avec prudence, dans le cadre de l'histoire du vivant.

L'impact des activités humaines sur la biodiversité : perspective évolutionniste

L'histoire évolutive de la biodiversité nous apprend que la vie est apparue voici plus de trois milliards d'années, et s'est diversifiée, au cours des temps géologiques. Mais de façon discontinue.

En effet, la biodiversité passée a connu de grandes crises avec la disparition massive d'espèces sur des périodes relativement courtes, de quelques millions d'années. L'origine de ces grandes crises est encore discutée par les spécialistes : météorites, volcanisme, variations du niveau des mers, etc. Après ces crises, certaines espèces ont survécu, se sont diversifiées et ont donné naissance à une nouvelle biodiversité. Il semble que des modifications brusques des facteurs environnementaux ont eu une incidence directe sur l'extinction de nombreuses espèces.

Pendant des milliards et millions d'années, l'histoire de la biodiversité s'est donc faite en l'absence de l'Homme. Mais depuis quelques milliers d'années, une partie de la biodiversité s'est modifiée sous l'influence des activités humaines, en particulier avec la domestication des animaux et des végétaux et la formation d'écosystèmes aménagés par l'homme.

L'exploitation des ressources minérales pour fabriquer armes et outils, l'exploitation des forêts pour avoir du bois de chauffage et de construction, l'exploitation des ressources en eau pour irriguer les cultures, l'exploitation des ressources en énergie fossile comme combustibles, etc., ont entraîné une modification des environnements. Les activités humaines ont donc produit une biodiversité agricole ou d'élevage pour satisfaire les besoins de l'humanité, et ont limité la biodiversité « sauvage » en réduisant les espaces naturels. À terme, les activités humaines, en modifiant les écosystèmes, pourraient être à l'origine d'une nouvelle crise biologique, faisant disparaître de nombreuses espèces sous l'influence, par exemple, du réchauffement climatique provoqué par les activités industrielles, les transports, etc.

Les choix, au niveau international, pour contenir ce risque majeur de crise biologique dépendent de notre approche de l'histoire du vivant. Dans une perspective évolutionniste, il ne s'agit pas de renoncer à toute politique de protection de la biodiversité, au motif que toutes les espèces disparaissent un jour, mais de souligner que l'espèce humaine n'a pas le contrôle absolu de l'histoire du vivant. Comme toute espèce, elle peut à son tour s'éteindre sans interrompre l'histoire du vivant. Mais l'espèce humaine peut aussi, par ses connaissances et son savoir-faire biotechnologiques, modifier les espèces et donner naissance, qui sait, à de nouvelles espèces.

La gestion de la biodiversité passe aussi par la reconnaissance des biotechnologies, au même titre que l'élevage et l'agriculture, sous réserve qu'elles ne participent pas à une réduction de la biodiversité, et que leur utilisation ne cède pas à la rentabilité économique comme critère ultime.

La biodiversité est un enjeu important pour l'avenir de la planète, mais elle ne doit être sacralisée. Il n'y a pas une bonne et une mauvaise biodiversité. L'une devant être protégée, l'autre pas. Par exemple, comment gérer la biodiversité des agents pathogènes (bactéries, virus) à l'origine de maladies connues ou émergentes ? Difficile, voire impossible de les éradiquer, mais il est nécessaire cependant de les préserver pour expérimenter des vaccins, des médicaments, etc. Ainsi, nos choix de protection de la biodiversité engagent notre responsabilité pour les générations actuelles mais aussi futures.

Conclusion

Enseigner l'évolution, c'est transmettre aux élèves des connaissances et des méthodes scientifiques. Mais c'est aussi ne pas imposer la théorie de l'évolution de façon dogmatique, et opter pour une analyse critique.

Trois niveaux d'action peuvent caractériser l'enseignement de l'évolution :

- l'appropriation des concepts scientifiques pour donner aux élèves des savoirs opératoires,
- la distinction entre le discours scientifique du discours idéologique pour éviter une instrumentalisation des concepts scientifiques,
- le respect des croyances des élèves, lesquelles appartiennent au domaine privé, et non pas à la sphère de l'École pour garantir la laïcité.

S'approprier les concepts biologiques

L'enseignement de l'évolution se structure autour de quelques concepts clés : mutation, sélection naturelle, spéciation, etc. Concepts nécessaires pour expliquer les causes de la transformation des espèces, et comprendre que la succession des espèces au cours des temps géologiques est le produit d'un processus historique de transformation du vivant.

Enseigner l'évolution revient ainsi à enseigner la causalité historique. Une causalité toujours tentée par la finalité pour orienter l'évolution. Mais aussi une causalité où la sélection naturelle n'exclut pas le déterminisme biologique de la formation et l'extinction des espèces. Enfin, une causalité où la singularité de chaque espèce cohabite avec et la pluralité de la biodiversité des espèces.

Enseigner l'évolution, c'est aussi se placer dans un rapport de Vérité[1] : vérité des faits, vérité des résultats expérimentaux, vérité de la théorie de l'évolution. Le modèle évolutionniste est-il véridique ?

Sa pertinence ne réside pas dans un postulat dogmatique de la transformation des espèces, mais dans la démonstration que cette transformation est effectivement possible.

Restent que les explications scientifiques de l'évolution sont révisables et rectifiables au vu des résultats expérimentaux et des nouvelles connaissances acquises. Ainsi, la théorie darwinienne a connu de multiples changements avec le néo-darwinisme, le synthétisme, le neutralisme et les équilibres ponctués. Chacun de ces modèles correspond à un réajustement des explications de l'évolution en fonction des avancées de la recherche scientifique. On ne conçoit plus aujourd'hui l'évolution comme au temps de Darwin. Cela ne signifie pas nécessairement que les anciennes conceptions soient erronées, mais simplement qu'elles sont dépassées et doivent être réactualisées.

Ce rapport de vérité à l'évolution ne doit pas être piégé par l'objection et la revendication « à voir » l'évolution. Le savoir scientifique n'est pas un savoir empirique. Et l'enseignant n'est pas celui qui donne à voir aux élèves, mais celui qui les aide à comprendre ce qui, justement, n'a pas de visibilité immédiatement et n'est donc pas accessible *de visu*. L'enseignant de sciences de la vie et de la Terre ne montre pas l'évolution, pas plus que l'enseignant en sciences physiques ne montre des molécules ou d'atomes aux élèves : il explique.

C'est pourquoi partir des expériences ou des faits bruts comme exemples d'évolution est une forme de dogmatisme pédagogique qui impose *a priori* l'idée d'évolution. De la seule l'observation, on ne peut conclure à l'évolution ou à la non-évolution. L'enseignement de l'évolution ne vise donc pas à décrire la place des espèces

1. Borne D. (2007). *Enseigner la vérité à l'école ?* coll. Débats d'école, A. Colin.

dans la nature, passée ou actuelle, mais à savoir si les espèces dérivent ou non les unes des autres.

Articuler les faits à la théorie, et non les imposer avant même l'explication donnée par la théorie, permet de répondre positivement à cette question par l'argumentation (classificatoire, embryologique, paléontologique, etc.) et l'expérimentation de la sélection naturelle et de la dérive génétique pour rendre compte de l'unité d'organisation, de la diversité et de l'histoire des espèces.

Distinguer entre science et idéologie

Enseigner l'évolution, c'est faire face aux idéologies anti-évolutionnistes aussi diverses que le créationnisme, le Dessein Intelligent ou le lyssenkisme, etc. Toutes trois ont en commun de vouloir subordonner l'activité scientifique à leur conception de l'histoire du vivant : la création de l'Homme, l'accomplissement spirituel et biologique de l'humanité ou l'instauration d'un communisme universel.

Toutes imposent une finalité dans la nature et dans l'histoire de l'humanité, et refusent qu'un processus matérialiste « aveugle » comme celui de la sélection naturelle soit le moteur de l'adaptation et de l'histoire du vivant.

Enseigner l'évolution, c'est donc rappeler, en permanence, que la science explique les phénomènes naturels par des causes exclusivement naturelles et matérielles : les planètes tournent autour du Soleil, en vertu de la loi de gravitation; la respiration n'est possible que par l'oxydation des nutriments, et la transformation des espèces résulte de la sélection naturelle ou de la dérive générique, etc.

Enseigner l'évolution, c'est aussi faire face aux idéologies de la biologisation des sociétés humaines : darwinisme social, eugénisme, voire sociobiologie Ces idéologies se refusent à trouver des causes sociales aux comportements sociaux comme si l'état de culture des sociétés humaines n'était qu'un strict prolongement de l'état de nature. Pourtant, les actes sociaux, quels qu'ils soient, répondent d'abord à des besoins sociétaux, même si par ailleurs ils répondent aussi à des besoins biologiques. La sélection naturelle, comme reproduction différentielle des organismes en fonction du milieu, est une donnée objective. En revanche, la transposer dans le champ social ne relève plus de la biologie de l'évolution, mais d'une idéologie selon laquelle le fonctionnement social est assujetti uniquement à des causes biologiques. Enseigner l'évolution, c'est aussi lutter contre les instrumentalisations idéologiques de l'évolution : du créationnisme à la sociobiologie.

Respecter les croyances des élèves

Enseigner l'évolution, c'est surtout, faire « avec » et pas « contre » les représentations des élèves sur l'histoire du vivant. En particulier, ce n'est pas faire « contre » leur conviction religieuse.

Déontologiquement, il est important de respecter la croyance des élèves, d'autant que la laïcité garantit le respect en séparant ce qui relève du registre scientifique et du registre religieux. La religion est du domaine privé, tandis que la biologie de l'évolution, comme tout objet scientifique, est un savoir universel que l'École met à la disposition de chacun.

L'enseignement de l'évolution n'est donc pas celui d'une croyance qui s'opposerait à une autre croyance. Sans nier qu'il existe une tension entre la conception scientifique de l'évolution et certaines conceptions religieuses de l'histoire de la vie, il faut distinguer entre l'approche scientifique de l'évolution et l'approche socioculturelle et religieuse du mythe de la Création.

La biologie de l'évolution a compétence pour dire que le récit de la Genèse n'est pas un récit historique, mais elle n'a pas compétence pour juger d'une interprétation théologique ou exégétique du texte de la Genèse. Ce texte, comme tous les textes des Origines, de la vie, fait partie de notre patrimoine culturel, et va au-delà du descriptif de la Création. Chacun est libre de lui donner une interprétation symbolique, psychanalytique, religieuse, etc. En revanche cette interprétation ne peut être imposée à l'enseignement de la biologie, pas plus que l'enseignement de biologie ne doit être imposé comme une négation des croyances.

Bibliographie

ARNOULD. J. (1996). *Darwin, Teilhard de Chardin et Cie. L'Église et l'évolution*, Desclée de Brouwer.

L'auteur, scientifique et dominicain, évoque les relations complexes, voire conflictuelles, entre la théologie de la création et les théories modernes de l'évolution avant d'arriver au discours de Jean-Paul II du 23 octobre 1996 où l'Église catholique romaine reconnaît un certain crédit à l'évolution.

BAUDOUIN C. & BROSSEAU O. (2008). *Les créationnismes. Une menace pour la société française ?* coll. « Arguments et Mouvements », Syllepse.

Les auteurs s'interrogent sur les risques éventuels que font peser ces mouvements sur l'enseignement de l'évolution en Europe et plus particulièrement en France.

BRUNET M. (2006). *D'Abel à Toumaï. Nomade, chercheur d'os*, Odile Jacob.

Michel Brunet retrace la découverte par son équipe de la mâchoire de l'Australopithèque Abel et du crâne de Toumaï, le premier pré-humain le plus ancien connu dans le désert tchadien. L'origine des hominidés est discutée à la lumière de ces deux découvertes majeures en paléoanthropologie.

COQUIDÉ M. & TIRARD S. (2009). *Évolution du vivant, un enseignement à risque ?* Vuibert-Adapt.

À partir d'articles rédigés par des didacticiens, des historiens des sciences et des enseignants, cet ouvrage collectif fait le point sur la situation de l'enseignement de l'évolution en France.

DENTON M. (1888). *Évolution. Une théorie en crise*, Londreys, trad. fr.

Denton admet que la sélection naturelle soit un agent de la transformation des espèces, mais pas au niveau de la macro-évolution. Pour lui, la mise en place des grands « plans d'organisation » (oiseaux, poissons, etc.) est davantage le produit d'un projet que du hasard de la sélection.

FORTIN C. (1993). *L'Évolution : Du mot aux concepts, Études épistémologiques sur la construction des concepts évolutionnistes, et les difficultés d'une transposition didactique adéquate*, thèse de doctorat. Université Paris VII.

À partir d'une enquête menée auprès de 322 élèves, de la classe de 6e à la classe de Terminale, cette recherche en didactique de la biologie montre les différentes conceptions des élèves au sujet de l'évolution, ainsi que les obstacles épistémologiques et cognitifs qu'ils rencontrent lors de l'enseignement de l'évolution.

FORTIN C. (2000). « Les causes de l'évolution », *Les formes de causalités dans les sciences de la vie et de la Terre, Documents et travaux de recherche en éducation*, n° 41, INRP, pp. 81-101.

Cet article est centré sur le particularisme de causalité historique en biologie de l'évolution comparée à la causalité déterministe en biologie fonctionnelle.

FORTIN C. (2009). « La métaphore de la parenté est-elle un ostacle à l'idée d'évolution ? » in COQUIDÉ M & TIRARD S. (sous la dir. de), *Évolution du vivant : un enseignement semé d'embûches* ? Vuibert-Adapt.

GAYON J. (1992). *Darwin et l'après-Darwin : une histoire de l'hypothèse de sélection dans la théorie de l'évolution*, Paris, Kimé, 1992, 465 p.

Jean Gayon poursuit une réflexion épistémologique sur la sélection naturelle dans l'œuvre de Darwin et après.

GRIMOULT C. (2000), *Histoire de l'évolutionnisme contemporain en France 1945-1995*, Librairie Droz.

L'auteur retrace l'histoire de l'impact de la pensée néo-lamarckienne dans l'université et la recherche française face à la reconnaissance du néodarwinisme.

HEAN T., HUNEMAN P., LECOINTRE G., SILBERSTEIN M. (2009). *Les mondes darwiniens, l'évolution de l'évolution*, Syllepse.

Cet ouvrage collectif réunit des auteurs issus de la biologie de l'évolution, des sciences humaines et de l'enseignement pour évoquer l'impact de la biologie de l'évolution en sciences et dans la société.

LECOURT D. (1992). *L'Amérique entre la Bible et Darwin*, rééd. Quadrige, PUF, 2007.
Dans ce livre très documenté, Dominique Lecourt retrace l'histoire de l'origine des mouvements créationnistes aux États-Unis, et rappelle l'importance de ces mouvements dans les stratégies politiques et électorales des conservateurs républicains.

LECOINTRE G., LE GUYADER H. (2001). *La classification phylogénétique du Vivant*, Belin, 3e éd. 2006.
Cet ouvrage récapitule les grands principes de la classification phylogénétique, et les méthodes de construction d'arbres de parenté entre les espèces.

PICQ P. (2007). *Lucy et l'obscurantisme*, Odile Jacob.
Pascal Picq reprend les arguments créationnistes pour mieux les récuser, et expose la rationalité de la théorie de l'évolution.

TORT P. (2005). *Darwin et le darwinisme,* « Que sais-je ? », PUF.
L'auteur analyse ce qu'est le darwinisme et ce qu'il n'est pas, et comment il a été instrumentalisé par des idéologies, telles que le spencérisme, l'eugénisme, etc.

www.ingramcontent.com/pod-product-compliance
Lightning Source LLC
LaVergne TN
LVHW021223061026
849535LV00008B/2884